As águas-vivas envelhecem ao contrário

NICKLAS BRENDBORG

As águas-vivas envelhecem ao contrário

Os segredos da natureza para a longevidade

Tradução de Tiago Lyra

Rocco

Título original
JELLYFISH AGE BACKWARDS
Nature's Secrets to Longevity

Primeira publicação na Grã-Bretanha, em 2022, por Hodder Studio,
um selo da Hodder & Stoughton, uma empresa da Hachette UK.

Direitos para a língua portuguesa reservados
com exclusividade para o Brasil à
EDITORA ROCCO LTDA.
Rua Evaristo da Veiga, 65 – 11º andar
Passeio Corporate – Torre 1
20031-040 – Rio de Janeiro – RJ
Tel.: (21) 3525-2000 – Fax: (21) 3525-2001
rocco@rocco.com.br|www.rocco.com.br

Printed in Brazil/Impresso no Brasil

Preparação de originais
MARCELA ISENSEE

CIP-BRASIL. CATALOGAÇÃO NA PUBLICAÇÃO
SINDICATO NACIONAL DOS EDITORES DE LIVROS, RJ

B847a

Brendborg, Nicklas
As águas-vivas envelhecem ao contrário : os segredos da natureza para a longevidade / Nicklas Brendborg ; tradução Tiago Lyra. - 1. ed. - Rio de Janeiro : Rocco, 2024.

Tradução de: Jellyfish age backwards : nature's secrets to longevity
ISBN 978-65-5532-435-8
ISBN 978-65-5595-259-9 (recurso eletrônico)

1. Biologia molecular. 2. Longevidade. 3. Rejuvenescimento. 4. Genética - Herança de caracteres adquiridos. 5. Envelhecimento - Aspectos moleculares. I. Lyra, Tiago. II. Título.

CDD: 613
24-89203 CDU: 613

Meri Gleice Rodrigues de Souza - Bibliotecária - CRB-7/6439

O texto deste livro obedece às normas do
Acordo Ortográfico da Língua Portuguesa.

SUMÁRIO

A Fonte da Juventude

Em 1493, uma expedição de dezessete navios partiu da cidade portuária espanhola de Cádiz. Depois de uma parada nas ilhas Canárias, a expedição se arriscou a atravessar o Atlântico. Seu destino: Índia. Talvez?

Aquela era a caravana da segunda expedição espanhola à América. Seu objetivo era estabelecer a primeira base espanhola no Novo Mundo e, para isso, o comandante Cristóvão Colombo levou mais de mil homens com ele. Entre eles estava o jovem e ambicioso Juan Ponce de León. Quando a expedição chegou ao seu destino — a ilha tropical de Hispaniola —, Ponce de León se estabeleceu por lá e acabou se tornando um respeitado proprietário de terras e comandante militar.

Naquela época, o Novo Mundo era um lugar de lendas que envolviam terras estranhas, povos estrangeiros e, é claro, uma enorme riqueza. Certo dia, Ponce de León ouviu uma história que falava de novas e promissoras terras ao norte de Hispaniola. Ele rapidamente reuniu uma equipe e partiu para investigar. A expedição de Ponce de León se aventurou ao norte, ao longo das Bahamas, e, em seguida, vislumbrou um novo e estranho lugar, que eles chamaram de *La Florida* devido às muitas flores na paisagem.

Os espanhóis foram rápidos em explorar a nova terra e, em determinado momento, encontraram uma tribo nativa. Durante o encontro, os nativos contaram aos espanhóis sobre uma nascente mítica que eles chamavam de "Fonte da Juventude": uma fonte com água de propriedades regenerativas, capaz de fazer com que mesmo uma pessoa idosa se tornasse jovem de novo. No entanto, eles insistiam que ninguém em sua comunidade conseguia se lembrar de onde ela ficava. E não, não, eles não contaram essa história apenas para que os espanhóis os deixassem em paz. Era totalmente verdadeira.

Nos anos seguintes, a expedição espanhola percorreu todo o litoral da Flórida procurando em todos os cantos essa bendita fonte de imortalidade. Esperançosos, os espanhóis mergulharam em todas as fontes de água doce que encontraram — atitude corajosa, se levarmos em conta a população de jacarés da Flórida. É claro que os espanhóis nunca encontraram a fonte mítica; já a Morte, por sua vez, encontrou todos eles no fim das contas.

⋆ ⋆ ⋆

Muito bem, os historiadores sérios provavelmente vão lhe dizer que a história da Fonte da Juventude é, em grande parte, um mito. Felizmente, eu não sou um historiador sério, por isso posso começar meu livro com uma história um tanto quanto exagerada.

Verdade seja dita, Ponce de León e seus homens provavelmente estavam em busca do mesmo tipo de fortuna que todos os outros na época: terra e ouro, e é possível que buscassem escravos e mulheres também. Apesar disso, as histórias envolvendo a busca pela vida eterna são recorrentes em todas as civilizações que conhecemos. Há relatos de fontes rejuvenescedoras e elixires da imortalidade em todas as culturas da história, desde Alexandre, o Grande, na Grécia antiga, até as Cruzadas, a Índia antiga, a China antiga, o Japão antigo e todos os outros lugares.

Na verdade, uma das obras mais antigas da literatura trata exatamente desse assunto: a *Epopeia de Gilgamesh*, que remonta a mais de

4 mil anos, conta a história de um rei que abandona seu povo e viaja até o fim do mundo em busca da imortalidade. A civilização contemporânea também não foge à regra. Embora já tenhamos deixado de lado as fontes mágicas e os elixires, ainda desejamos descobrir os segredos por trás de uma vida longa. No entanto, hoje em dia, a principal fonte dessas histórias não são as lendas e mitos, e sim a pesquisa científica. Você pode pensar que isso representa um progresso inquestionável, mas nem sempre foi assim. A ciência precisou lidar com alguns obstáculos até entender o envelhecimento.

No início do século XX, alguns cientistas acreditavam que os extratos de glândulas animais poderiam ser usados para rejuvenescer os seres humanos. Um desses pesquisadores, o cirurgião Serge Voronoff, estava convencido de que consumir extratos animais ou fazer infusões não eram suficientes; não, era preciso transplantar o tecido diretamente nas pessoas para obter o efeito desejado. Após estudar homens castrados no Egito, Voronoff concluiu que os testículos eram a principal fonte de rejuvenescimento.

Naturalmente, ele começou a enxertar pequenos pedaços de testículos de macacos em seus pacientes. O tratamento era bizarro o suficiente para que as pessoas comuns fugissem daquilo como o diabo da cruz. Mas os ricos e famosos *adoravam*; eles faziam fila para experimentar os milagrosos enxertos antienvelhecimento de Voronoff. Na verdade, o interesse era tanto que Voronoff ganhou muito dinheiro e logo começou a ter dificuldades para obter testículos de macaco suficientes. Para garantir seus suprimentos, ele precisou criar um espaço para os pobres animais no castelo que havia comprado, além de contratar um treinador de circo para reproduzi-los.

É evidente que os pacientes de Voronoff não se tornaram nada além de uma piada histórica. Eles e Voronoff ficaram velhos e frágeis, assim como Ponce de León e seus homens. Assim como nós vamos ficar, a menos que a ciência encontre uma solução melhor do que as tentativas anteriores.

É sobre isso que este livro trata: como "morrer jovem" e o mais tarde possível. Em outras palavras, é um livro sobre a natureza, a ciência da longevidade e uma vida saudável. Prometo que você não terá que costurar testículos na coxa ou nadar com répteis carnívoros. Mas, ainda assim, será uma espécie de jornada.

Parte I

MARAVILHAS DA NATUREZA

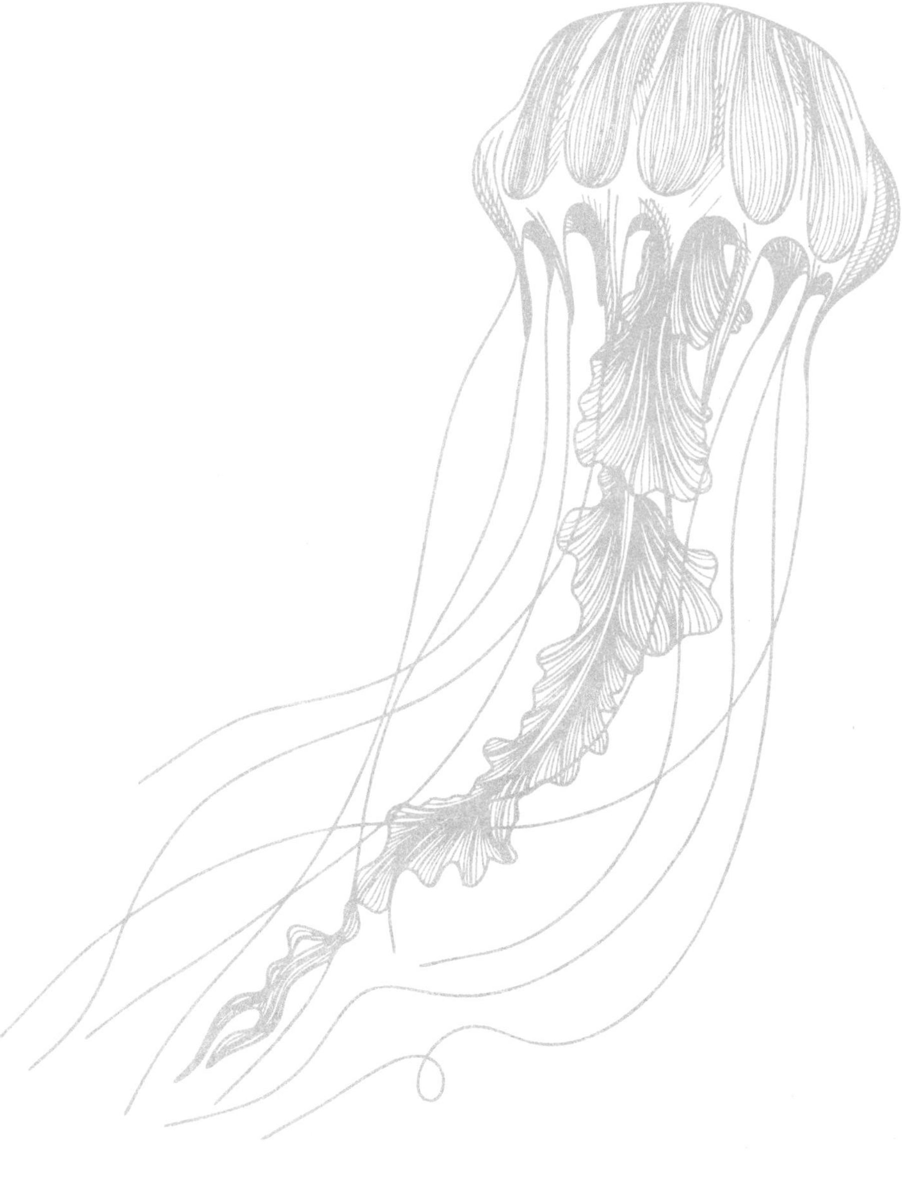

Capítulo 1

O livro dos recordes da longevidade

Sob a superfície azul do gelo do mar da Groenlândia, desliza uma enorme sombra. O gigante de seis metros não tem pressa; sua velocidade máxima é de menos de três quilômetros por hora.

Em latim, ele é chamado de *Somniosus microcephalus* — "o sonâmbulo com o cérebro minúsculo". Em inglês, seu nome é um pouco mais lisonjeiro: *the Greenland shark* — o tubarão-da-Groenlândia. Como seu nome em latim sugere, esse tubarão não é rápido nem muito esperto — apesar disso, é possível encontrar restos de focas, renas e até ursos polares em seu estômago.

Nosso misterioso companheiro não se preocupa com o tempo porque é algo que ele tem de sobra. Quando os Estados Unidos foram fundados, este animal já era mais velho do que qualquer ser humano que já havia existido. Quando o *Titanic* afundou, ele tinha 281 anos. E agora acaba de completar 390 anos. Ainda assim, os pesquisadores estimam que ele ainda pode ter vários anos de vida a mais.

Isso não quer dizer que o tubarão-da-Groenlândia não tenha problemas. Seus olhos estão infectados com parasitas bioluminescentes que, aos poucos, o estão deixando cego. E, apesar de seu tamanho impressionante, o tubarão-da-Groenlândia tem um inimigo em comum com todos os outros peixes não comestíveis: os islandeses. A carne de um tubarão-da-Groenlândia contém uma quantidade tão grande de uma substância tóxica chamada N-óxido de trimetilamina que você fica tonto — "bêbado de tubarão" — ao comê-la. Mas, seja como for, o corajoso povo da Islândia encontrou uma maneira de prepará-la, claro.

O tubarão-da-Groenlândia é exatamente o tipo de animal que merece estar no topo de alguma lista. E é justamente *lá* que o encontramos. Com sua impressionante longevidade, esse peixe é o vertebrado de vida mais longa já registrado. Por ser um vertebrado — um animal com espinha dorsal —, ele é, na verdade, nosso parente distante. Talvez não sejamos muito parecidos, mas a anatomia básica é reconhecível: um coração, um fígado, um sistema intestinal, dois rins e um cérebro.

Claro que há uma grande distância na árvore evolutiva entre nós e um peixe gigante. Os seres humanos são mamíferos, o que significa que possuímos certas características fundamentais que não compartilhamos com o tubarão-da-Groenlândia. Na biologia, a regra geral é que, quanto mais próximo um animal estiver de nós em termos evolutivos, mais podemos aprender sobre nós mesmos ao estudá-lo. Isso quer dizer que podemos aprender mais com os peixes do que com os insetos, mas também que é possível aprender menos com os peixes do que com aves e répteis, por exemplo. Sem falar dos nossos parentes mais próximos — os outros mamíferos.

Curiosamente, o tubarão-da-Groenlândia divide seu lar com outro recordista em longevidade que é um parente muito mais próximo de nós. Se você tiver sorte nos mares ao redor da Groenlândia, poderá encontrar a baleia-da-Groenlândia, que mede cerca de dezoito metros de comprimento. Embora as características mais superficiais de uma baleia-da-Groenlândia também não se assemelhem às nossas, sua fiação interna é muito mais próxima dos seres humanos do que a do tubarão-da-Groenlândia. As baleias têm cérebros grandes, mesmo para o seu tamanho, corações com quatro cavidades como os nossos, pulmões e muitas outras características em comum.

Nós costumávamos caçar esses animais magníficos para usar sua gordura em lamparinas a óleo, mas, felizmente, hoje eles estão protegidos. Somente os povos nativos, como os inuítes do Alasca, têm permissão para continuar a caçá-los — em níveis de subsistência, como sempre fizeram. De tempos em tempos, após uma caçada bem-sucedida, os inuítes visitam as autoridades locais para entregar pontas de arpão antigas, retiradas da gordura das baleias. Essas pontas de arpão são provenientes de caçadas malsucedidas nos anos 1800. Em conjunto com métodos moleculares, elas têm sido usadas para determinar que as baleias-da-Groenlândia podem viver mais de 200 anos, a maior expectativa de vida registrada em um mamífero.

Ao nos afastarmos dos humanos na árvore evolutiva, é possível descobrir tempos de vida ainda mais impressionantes. Os melhores exemplos, na verdade, vêm das árvores, para as quais o envelhecimento não existe de fato — pelo menos não da forma como normalmente o entendemos. Enquanto nosso risco de morrer aumenta à medida que envelhecemos, as árvores ficam maiores, mais fortes e mais resistentes. Isso significa que, a cada ano de vida, o risco das árvores morrerem *diminui*. Pelo menos até o ponto em que ficam tão altas que chegam a ser derrubadas em uma tempestade. Mas morrer em um acidente não tem nada a ver com envelhecimento.

Isso significa que algumas árvores são *realmente* antigas. Matusalém, uma das árvores mais antigas, é um pinheiro bristlecone de 5 mil anos que vive em um local secreto nas Montanhas Brancas da Califórnia. No tempo em que Matusalém brotou do solo, as pirâmides ainda estavam sendo construídas no Egito e os últimos mamutes vagavam pela ilha Wrangel, na Sibéria.

No entanto, até mesmo Matusalém é uma árvore pirralha se comparada à recordista de madeira. Na Floresta Nacional de Fishlake, em Utah, cerca de 550 quilômetros a nordeste de Matusalém, há um álamo norte-americano chamado Pando. Pando ("eu me espalho" em latim) não é uma árvore única, mas uma espécie de superorganismo — uma rede gigante de raízes que preenche uma área de aproximadamente um oitavo do tamanho do Central Park em Nova York.

Pando é o organismo mais pesado do planeta, e produz mais de 40 mil árvores individuais. A maioria delas vive entre 100 e 130 anos, morrendo então em tempestades, incêndios e coisas do tipo. Mas Pando germina novas árvores continuamente, e o próprio superorganismo, com sua rede de raízes, tem mais de 14 mil anos.

A rainha de Tonga

Obviamente, não seria possível escrever um capítulo sobre organismos de vida excepcionalmente longa sem mencionar as tartarugas. Uma das mais antigas de todos os tempos foi a tartaruga irradiada Tu'i Malila, que viveu com a família real da ilha tropical de Tonga. Tu'i Malila foi dada de presente ao rei de Tonga pelo explorador britânico James Cook em 1777. Quando morreu, em 1965, já muito idosa, ela havia vivido cerca de 188 anos. Esse é o recorde de vida de uma tartaruga cuja idade é possível verificar com certeza. No entanto, Tu'i Malila está prestes a ser ultrapassada por Jonathan, a tartaruga gigante de Seychelles, que vive na pequena ilha atlântica de Santa Helena. Jonathan foi chocado por volta de 1832 — antes da invenção do selo postal — e viveu durante os reinados de sete monarcas britânicos e os mandatos de 39 presidentes dos Estados Unidos. No momento em que você estiver lendo este livro, Jonathan poderá ser o novo detentor do recorde.

Enquanto alguns organismos podem viver muito mais tempo do que nós, outros possuem trajetórias de envelhecimento totalmente diferentes. Ou seja, o envelhecimento ocorre em alguns deles de forma muito distinta da nossa.

Como seres humanos, envelhecemos exponencialmente; após a puberdade, nosso risco de morrer dobra mais ou menos a cada oito anos, e isso acontece à medida que nossa fisiologia vai aos poucos decaindo, tornando-nos cada vez mais frágeis. Nossa maneira de envelhecer é a mais comum, e a compartilhamos com a maioria dos animais com os quais temos contato diário. Entretanto, ela não é de forma alguma o único padrão de envelhecimento na natureza.

Há um grupo particularmente estranho de animais em que a reprodução acontece apenas uma vez, seguida de um envelhecimento imediato e rápido. Isso se chama semelparidade e, se você gosta de assistir a documentários sobre a natureza, talvez a reconheça no ciclo de vida do salmão-do-Pacífico.

O salmão-do-Pacífico nasce em pequenos riachos, onde os minúsculos salmões amadurecem em relativa segurança. Mais tarde, eles vão para o mar e lá permanecem até se tornarem sexualmente maduros. Em algum momento, chega a hora de formar a próxima geração de salmões-do-Pacífico, mas, infelizmente, os salmões só se reproduzem no mesmo riacho em que nasceram. Isso significa que os pobres peixes precisam nadar de volta para o interior — às vezes a uma distância de centenas de quilômetros — *contra* a correnteza e em uma *subida*. Ainda me surpreende o fato de um peixe conseguir *subir* uma cachoeira. É uma jornada selvagem.

É um azar ainda maior para o salmão o fato de que não somos os únicos animais que sabem o quanto eles são saborosos. Quando o peixe começa a migrar, todos os predadores locais — ursos, lobos, águias, garças etc. — estão esperando pacientemente, prontos para um banquete. Para ter uma chance, o salmão-do-Pacífico enche seu corpo de hormônios do estresse e para de se alimentar por completo. Cada dia e cada noite se tornam uma batalha incansável contra a própria Mãe Natureza. A maioria dos salmões não consegue sobreviver, mas os poucos que conseguem desovam a próxima geração nos mesmos riachos onde suas vidas começaram.

Após tamanha façanha, você pode até pensar que o resistente salmão não teria problemas para voltar ao mar. Afinal de contas, seria uma viagem de *descida* e com a ajuda da correnteza. Mas os salmões não demonstram interesse nem mesmo em tentar. Depois da desova, eles entram em um declínio terminal, como plantas que murcham em um instante. Poucos dias depois de esconderem seus ovos fertilizados no leito arenoso do rio, toda a geração anterior morre.

Esse tipo de história de vida bizarra e um tanto trágica é, na verdade, mais comum na natureza do que você imagina. Aqui estão alguns de meus outros exemplos favoritos:

- Depois que os polvos fêmeas colocam seus ovos, suas bocas se fecham, elas param de comer e passam a se dedicar totalmente à proteção dos ovos. Alguns dias após a eclosão dos ovos, as mães morrem.
- Os machos do pequeno marsupial australiano *Antechinus stuartii* ficam tão estressados, agressivos e sexualmente exaustos durante a época de acasalamento que morrem logo em seguida.
- As cigarras passam a maior parte de suas vidas (com expectativa de dezessete anos) no subsolo, vindo à superfície apenas para botar seus ovos. Em seguida, elas morrem.
- As efeméridas não vivem mais do que um ou dois dias após a eclosão dos ovos. Existe, inclusive, uma espécie de mosca que não tem boca e vive apenas por cerca de 5 minutos. Sua única missão é se reproduzir uma vez.
- Há até mesmo algumas plantas que apresentam esse padrão de envelhecimento. A agave-americana, também conhecida como piteira, pode viver por décadas; mas, logo após florescer pela primeira e única vez, ela murcha e morre.

Por outro lado, existem também alguns animais que não envelhecem de forma alguma — pelo menos não da forma tradicional como definimos o envelhecimento. Um exemplo disso é a lagosta. Assim como as árvores, o rei dos crustáceos não fica mais fraco ou menos fértil com o passar do tempo. Na verdade, acontece o oposto: as lagostas crescem continuamente ao longo de suas vidas e ficam cada vez mais fortes com o passar do tempo. É claro que isso não significa que elas vivem para sempre. A natureza é cruel e, um dia, predadores, rivais, doenças ou acidentes darão conta do serviço. Caso nada disso aconteça, as lagostas maiores acabam morrendo de problemas físicos devido ao seu tamanho. Mas a velhice de uma lagosta não corresponde de forma alguma ao nosso declínio gradual.

⋆ ⋆ ⋆

A natureza também abriga organismos que desenvolveram alguns truques bem peculiares para prolongar a vida. Algumas bactérias, por exemplo, podem entrar em uma espécie de estado de dormência. Quando estressada, a bactéria se transforma em uma estrutura compacta semelhante a uma semente. Essa estrutura, chamada de endósporo, é resistente a qualquer coisa a que a natureza possa expô-la, até mesmo ao calor extremo e à radiação ultravioleta. Dentro do endósporo, todos os processos normalmente necessários para o sustento da bactéria são interrompidos. É como se a bactéria não estivesse mais viva. No entanto, o endósporo ainda pode sentir o ambiente ao seu redor. Quando as condições melhoram, ele consegue se descompactar e se tornar uma bactéria totalmente ativa de novo, como se nada tivesse acontecido.

É difícil afirmar com exatidão por quanto tempo as bactérias conseguem ficar em seu estado dormente. Talvez não haja realmente um limite. É prática rotineira dos cientistas reviver endósporos encontrados com mais de 10 mil anos. Na verdade, há relatos de endósporos sendo despertados após milhões de anos de dormência.

Acredito, no entanto, que eu daria o prêmio de "maior truque de envelhecimento" para a pequena água-viva *Turritopsis*, que dá título a este livro. Para quem não está familiarizado, a *Turritopsis* parece um pouco sem graça. Trata-se de uma água-viva minúscula, do tamanho de uma unha, que passa a vida à deriva comendo plâncton.

Mas, se for bem tratada, a *Turritopsis* pode revelar seu segredo.

Caso a minúscula água-viva sofra algum estresse — causado pela fome, por exemplo, ou por mudanças bruscas na temperatura da água —, algo estranho acontece: ela reverte de sua forma adulta para algo chamado de estágio de pólipo. Esse estado é semelhante a uma borboleta voltando a ser uma lagarta, ou a você quando tem um dia estressante no trabalho e decide voltar para o jardim de infância.

Quando a *Turritopsis* regride ao seu estágio de pólipo, ela está, na verdade, envelhecendo ao contrário, isto é, de trás para a frente. Depois disso, ela pode crescer novamente sem nenhuma lembrança fisiológica de ter sido mais velha. Para tornar esse truque no melhor estilo Benjamin Button ainda mais impressionante, a pesquisa sugere que a *Turritopsis* pode repetir seu rejuvenescimento várias vezes. É óbvio que o fato de ser uma pequena água-viva em um oceano enorme significa que a *Turritopsis* não vive para sempre na natureza. Algum dia alguma coisa irá comê-la. Mas é bem possível que ela *consiga* viver para sempre na segurança de um laboratório. A *Turritopsis* pode muito bem ser um exemplo daquilo que é a grande busca da pesquisa sobre o envelhecimento: a imortalidade biológica.

No entanto, como acontece com todas as boas ideias, é provável que ela já possa ter ocorrido a outra pessoa. Embora a *Turritopsis* seja o meu exemplo favorito de envelhecimento de trás para a frente, a natureza também tem outros exemplos, incluindo outra água-viva "imortal", a *Hydra*, e um verme achatado primitivo chamado *Planaria*. Quando há abundância de alimentos, a *Planaria*, assim como a *Turritopsis*, tem uma vida pouco notável. Mas se seu alimento não aparece, ela revela um truque especial. Uma *Planaria* faminta come a si mesma, começando pelas partes menos importantes, e não para até que não reste nada além do sistema nervoso. Isso faz com que o verme achatado ganhe algum tempo na esperança de que as condições melhorem. Quando a *Planaria* percebe que tempos melhores estão por vir, ela pode se reconstruir e recomeçar sua vida. Enquanto outros vermes de idade semelhante morrem, a *Planaria* rejuvenescida nada por aí ainda repleta de energia juvenil. Na verdade, a *Planaria* é tão boa em se regenerar que é possível cortá-la ao meio e, em vez de ficar com duas metades de uma planária morta, você terá dois vermes vivos.

Imagine se um dia pudéssemos descobrir como esses animais realizam suas mágicas.

* * *

As baleias-da-Groenlândia vivem muito tempo. Assim como os tubarões-da-Groenlândia de seis metros e as tartarugas grandes. Você consegue identificar um padrão? E se eu lhe dissesse que um camundongo comum tem sorte se conseguir viver dois anos, mesmo na proteção do cativeiro?

O segredo que esses animais de vida longa compartilham é o tamanho. Em geral, os animais grandes vivem mais do que os pequenos. Baleias, elefantes e seres humanos são longevos. A maioria dos roedores, não.

A razão evolutiva provável é que o tamanho serve de proteção contra predadores. Quando o risco de se tornar o jantar de outra pessoa diminui, um curso de vida lento pode ser vantajoso do ponto de vista evolutivo. Isto é, um curso de vida marcado por um amadurecimento lento, poucos descendentes nutridos por longos períodos e um investimento maior na manutenção do corpo. Por outro lado, se uma espécie vive sob perigo constante, não faz muito sentido viver em função do futuro. Em vez disso, essa espécie deve amadurecer o mais rápido possível, desconsiderar o futuro em favor do presente e garantir inúmeros nascimentos na esperança de que o destino seja gentil com pelo menos alguns deles.

Um exemplo que ilustra esse equilíbrio de maneira brilhante é o do gambá. O biólogo Steven Austad estudava esses pequenos marsupiais na floresta tropical venezuelana quando começou a se perguntar por que eles pareciam envelhecer tão rapidamente. Se Austad capturasse o mesmo gambá duas vezes, haveria diferenças físicas visíveis, mesmo após alguns meses apenas.

As fotos de uma floresta tropical podem dar a impressão de um lugar paradisíaco, mas a realidade para seus habitantes é mais como um pesadelo tropical. O perigo se esconde atrás de cada tronco de árvore, e o curso de vida dos gambás que vivem ali é um reflexo disso. Os gambás evoluíram para se concentrar menos na manutenção do corpo e mais na missão de se reproduzir antes que algo os devore. Por outro lado, Austad também conseguiu encontrar uma população de gambás vivendo em um lugar que se assemelha a um paraíso dos gambás. Na ilha Sapelo, ao largo da costa da Geórgia, nos Estados Unidos, não há predadores. Assim, os gambás locais passam seus dias descansando ao sol despreocupados. Essa população de gambás viveu por milhares de anos de forma relativamente protegida. E, como resultado, ela desenvolveu uma vida mais longa do que seus primos do continente — quando a probabilidade de sobrevivência é grande, há uma recompensa maior para aqueles que se concentram na manutenção do corpo.

O fato de uma vida relativamente segura permitir a evolução de um tempo de vida maior pode explicar também nossa condição especial: embora os seres humanos sejam mamíferos de grande porte, vivemos mais do que o esperado se considerarmos apenas o nosso tamanho. É provável que isso se deva ao fato de estarmos no topo da cadeia alimentar. A maioria dos animais é inteligente o suficiente para nos evitar, e é possível imaginar que aqueles que não tinham essa inclinação aprenderam da maneira mais árdua durante a Idade da Pedra.

Da mesma forma, essa hipótese também explica algumas das exceções à regra sobre tamanho e tempo de vida. A maioria dos animais de pequeno porte que conseguiu escapar dessa tendência tem em comum uma adaptação semelhante: a capacidade de voar, o que ajuda a fugir dos predadores. As aves, por exemplo, vivem mais do que outros mamíferos de mesmo tamanho. E os únicos mamíferos voadores, os morcegos, vivem 3,5 vezes mais do que outros mamíferos de tamanho semelhante.

* * *

Agora que já convenci você de que os animais grandes vivem mais do que os pequenos, qual raça de cachorro você acha que vive mais: um dogue alemão ou um chihuahua? Se é apaixonado por cães e tem preferência por raças maiores, deve saber que uma das coisas mais trágicas dessa história de amor é que os cães grandes não vivem muito tempo. Um dogue alemão normalmente vive cerca de oito anos, enquanto cães pequenos, como chihuahuas, jack russell terriers e shih-tzus, podem viver mais do que o dobro desse tempo. O motivo é que, embora as espécies de animais grandes vivam mais do que as espécies de animais pequenos, o contrário acontece *dentro* de cada espécie. Ou seja, indivíduos pequenos vivem mais do que indivíduos grandes. Os pôneis vivem mais do que os cavalos, por exemplo, enquanto o recordista na expectativa de vida entre as espécies de camundongos é o camundongo anão Ames.

Da mesma forma, os mamíferos fêmeas quase sempre vivem mais do que os machos da mesma espécie. Essa regra é válida para leões, veados, cães da pradaria, chimpanzés, gorilas ou seres humanos. Mas por quê? Uma pista é que as fêmeas de mamíferos são quase sempre menores do que os machos. Entre os seres humanos, o corpo dos homens é cerca de 15 a 20% maior e, em média, as mulheres vivem alguns anos a mais. Nas poucas espécies de mamíferos em que os machos e as fêmeas têm o mesmo tamanho, como as hienas, machos e fêmeas têm expectativas de vida praticamente iguais.

* * *

Ainda não apresentamos o animal mais querido pelos pesquisadores do prolongamento da vida.

Nosso astro antienvelhecimento é originário da África Oriental, mas não pode ser visto em lugar algum na vasta paisagem da savana. Mas é só cavar alguns centímetros do solo para que esse pequeno animal possa ser encontrado correndo pelos túneis de quilômetros de extensão construídos por ele.

O rato-toupeira-pelado, como essa criatura é chamada, não é o queridinho dos cientistas por causa de sua aparência. Imagine o rato de seus piores pesadelos, elabore um pouco mais. Ele não tem pelagem, é rosado e enrugado. Pelos longos e isolados se projetam de seu corpo. Seus dentes da frente, usados para cavar, ficam para *fora* da boca. E seus olhos, que mal enxergam, não passam de pequenos pontos pretos.

No entanto, apesar de sua aparência, o rato-toupeira-pelado tem muitos amigos. Os reinos de túneis dessa criatura da África Oriental são construídos e mantidos por colônias de 20 a 300 membros, que vivem a rondá-los em busca de inimigos e alimentos.

Quando não estão trabalhando, os membros da colônia residem na sede, onde há salas para armazenamento de alimentos, dormitórios e até mesmo banheiros. A sede da colônia também é o domínio do rato-toupeira-pelado mais especial de todos: a rainha. Veja bem, uma colônia de ratos-toupeira-pelados não funciona como um rebanho normal de mamíferos. Na verdade, esses pequenos ratos são alguns dos poucos mamíferos *eusociais*, integram o tipo de estrutura social que associamos mais comumente a insetos como formigas e abelhas. A rainha é a único rato-toupeira-pelado que tem filhotes, enquanto o restante da colônia é composto por trabalhadores e soldados temporariamente estéreis, exceto por alguns machos que a rainha escolheu como seus garotões.

Os pesquisadores do envelhecimento consideram os ratos-toupeira-pelados muito fascinantes por não se adequarem à correlação usual entre tamanho e tempo de vida. Um rato-toupeira-pelado adulto pesa cerca de 35 gramas, o que não é muito mais pesado que um camundongo. Apesar disso, os ratos-toupeira-pelados vivem bem mais de trinta anos, enquanto o recorde da espécie para os camundongos é cerca de quatro anos.

Para entender a importância disso tudo, imagine o seguinte: você é um pesquisador que quer estudar o envelhecimento. Onde busca inspiração? Uma opção óbvia é estudar animais de vida longa — talvez possa aprender alguns de seus segredos.

Você pensa consigo mesmo: quais animais vivem por muito tempo... as baleias? Essas seriam um pouco difíceis de se manter em um laboratório. Elefantes? O mesmo problema. Pássaros em gaiolas pequenas? Tortura animal (além disso, eles nem sequer são mamíferos). Que tal o rato-toupeira-pelado? Vida longa? Confere. Pode ser mantido em um laboratório? Confere. Um mamífero como nós? Confere. Até aqui, tudo bem.

O desafio seguinte é encontrar algo com o qual você possa comparar seu animal. A escolha óbvia é usar um parente de vida curta. Em seguida, é possível examinar as diferenças entre os dois para ver se consegue explicar a discrepância entre seus tempos de vida. Aqui, de novo, verifica-se que o rato-toupeira-pelado é a escolha perfeita. Os dois animais de laboratório mais estudados — camundongos e ratos — estão intimamente relacionados ao rato-toupeira-pelado, embora tenham tempos de vida muito diferentes. Portanto, essa pequena criatura é ideal para o estudo do envelhecimento.

Pesquisadores de todo o mundo chegaram antes de nós e já estão estudando ratos-toupeira-pelados há décadas. Esses pesquisadores relatam que é quase impossível distinguir os ratos-toupeira-pelados jovens dos velhos. É possível dizer que a linha de corte para um rato-toupeira-pelado parecer jovem é muito baixa: basta não ter pelos e ser enrugado. No entanto, trata-se de uma observação interessante. Não apenas os testes científicos *mostram* que os ratos-toupeira-pelados envelhecem de modo lento como também conseguimos *observar* o fato.

Os pesquisadores dessas criaturas também relatam que seus animais são praticamente imunes ao câncer, mesmo quando tentam induzi-lo de forma artificial. Dos milhares de ratos-toupeira estudados, apenas seis tumores foram encontrados. Isso é particularmente notável em um animal tão pequeno. Em comparação, indícios de câncer podem ser encontrados em 70% de todos os camundongos de laboratório depois que morrem. E, em geral, é normal que de 20 a 50% dos indivíduos desenvolvam câncer em qualquer espécie, incluindo a nossa. Em muitos países desenvolvidos, por exemplo, o câncer ultrapassou as doenças cardiovasculares como o assassino mais prolífico e, ainda assim, de alguma forma, o pequeno e obscuro roedor da África Oriental encontrou uma maneira de domar a doença. Uma criatura milagrosa, de fato, que tem um papel central a desempenhar no desenrolar de nossa história do envelhecimento.

Capítulo 2

Sol, palmeiras e uma vida longa

Em uma quinta-feira quente, por volta do meio-dia, um ônibus escolar adaptado entra no terminal de ônibus da cidade costa-riquenha de Nicoya, capital da península de mesmo nome. Confirmo que aquele é o meu ônibus, e entro na fila crescente de moradores locais que esperam para embarcar: jovens mães, casais idosos, mulheres de meia-idade e crianças risonhas com uniforme escolar. Nós nos sentamos em nossos lugares e o ônibus logo segue seu caminho através da selva de pedra de Nicoya, e mais à frente pela exuberante zona rural da Costa Rica. Ao longo da estrada sem tráfego, há casas pequenas e coloridas e, no horizonte, surge uma paisagem verde profunda.

Dentro do ônibus, o gringo solitário rapidamente atrai a atenção. Preciso desapontá-los: "No hablo español." Por meio de uma combinação de gestos com as mãos, espanhol de guia de bolso e um pouco de Google Tradutor, conseguimos nos comunicar.

Depois de um tempo, uma mulher se vira para mim com cautela e fala comigo em um inglês limitado:

— Você está indo para Hojancha?

Estou.

Mas por quê? Vai fazer uma caminhada?

Na verdade, não.

— Estou aqui para ver a Zona Azul — explico.

A mulher ri e traduz o que eu disse para alguns dos outros, depois olha para mim mais séria.

— *É verdade o que eles dizem.*

Meia hora depois, o ônibus chega à praça central do pacato vilarejo de Hojancha. Quando desço do ônibus, um morador local me aponta o melhor restaurante da cidade agradecendo-me várias vezes por minha visita. Então, enquanto saboreio um prato típico, o casado, a vida cotidiana na zona rural da Costa Rica se desdobra ao meu redor.

★ ★ ★

Os pessimistas podem alegar que nunca vamos conseguir vencer a luta contra o envelhecimento, ou mesmo prolongar a vida de forma substancial. Mas essa é uma opinião difícil de ser compartilhada quando se sabe sobre o envelhecimento na natureza. Outros animais tão complexos quanto nós podem viver muito mais do que os humanos, passar longos períodos sem envelhecer ou até mesmo envelhecer *ao contrário*. Isso faz com que seja difícil acreditar que existam limites biológicos minimamente próximos à nossa atual expectativa de vida. Com um pouco de criatividade, temos a faca e o queijo na mão.

Mas, mesmo que a inspiração do mundo natural possa um dia nos ajudar a combater o envelhecimento, lá não é o único lugar para buscar ideias. Podemos aprender muito com os nossos semelhantes também. É evidente que somos todos muito parecidos, mas ainda temos diferenças no que diz respeito a envelhecer bem e a quanto tempo vivemos. É nesse momento que a península de Nicoya entra em cena. A região montanhosa da Costa Rica é um destino turístico popular devido ao seu cenário incrível: floresta tropical intocada, belas praias e um clima quente e agradável. Mas, para além disso, a península de Nicoya é conhecida por seu papel de destaque no livro *Zonas azuis*, do jornalista norte-americano Dan Buettner. No livro, Buettner visita regiões do globo conhecidas como "Zonas Azuis", lugares onde os habitantes locais têm uma probabilidade particularmente alta de atingir idades avançadas.

Além da península de Nicoya, há outras quatro Zonas Azuis: a região de Barbagia, na Sardenha (Itália), a ilha de Icária (Grécia), a província de Okinawa (Japão) e a cidade de Loma Linda (Califórnia, Estados Unidos). Os habitantes de todos esses lugares esbanjam alguns dados incríveis relacionados à expectativa de vida. Considere, por exemplo, as pessoas de lá nascidas no ano de 1900. As mulheres de Okinawa nascidas naquele ano tinham 7,5 vezes mais chances de se tornarem centenárias do que as mulheres da minha terra natal, a Dinamarca. E para os homens, a probabilidade de se tornar centenário era quase seis vezes maior em Okinawa do que na Dinamarca.

Portanto, a pergunta é: o que acontece nessas áreas aparentemente aleatórias do globo que gera habitantes tão longevos? Ou há algo de especial nas pessoas ou há algo de especial em seus estilos de vida e ambientes.

À primeira vista, é possível cair na tentação de buscar alguma explicação genética. É notório que todas as cinco Zonas Azuis são um tanto quanto isoladas. Ainda hoje, muitas das rotas de transporte em Nicoya são pequenas trilhas na selva ou estradas de terra onde a melhor opção de deslocamento é o quadriciclo. Isso significa que os habitantes têm se mantido historicamente isolados e se casaram localmente. Se houvesse alguma característica genética favorável ao envelhecimento em Nicoya, ela teria circulado por muitas gerações. Entretanto, o parentesco não pode ser a única explicação. Os estudos mostram que, quando os habitantes locais se afastam da península de Nicoya, eles não vivem tanto quanto aqueles que ficaram por lá.

A tentativa de explicação de Dan Buettner gira em torno das culturas dessas regiões: a união das famílias, os alimentos consumidos, o estilo de vida ativo, porém descontraído, e o forte senso de propósito entre os habitantes.

O jornalista pode ter razão, mas não temos muito tempo para descobrir. Nas últimas décadas, a inevitável influência da globalização chegou com tudo nas Zonas Azuis. Hoje, o estilo de vida de uma pessoa na península de Nicoya se aproxima do resto do mundo: há muito fast-food, trabalho sedentário e a maioria das pessoas usa transporte motorizado. Em vilarejos remotos nas montanhas, ainda é possível encontrar indícios do antigo estilo de vida, mas mesmo lá há antenas parabólicas nos telhados e carros nas entradas das garagens.

O município de Okinawa, no Japão, é um exemplo particularmente bom da deflação das Zonas Azuis. Até a virada do milênio, o povo de Okinawa tinha a maior média de expectativa de vida em todo o Japão. Isso quer dizer muita coisa, se levarmos em conta que os japoneses já são notoriamente longevos. Mas, desde então, essa Zona Azul vem desaparecendo diante de nossos olhos. Hoje, a população de Okinawa tem um dos índices de massa corporal médios mais altos entre as províncias japonesas, e comem mais KFC, enquanto a ilha caiu de modo drástico nas classificações de longevidade, estando entre os municípios com as classificações mais baixas do Japão.

De modo geral, o desenvolvimento em Okinawa e nas outras Zonas Azuis são, obviamente, uma forma de progresso. A globalização pode ter trazido obesidade e problemas de saúde, mas também trouxe acesso à medicina moderna, água potável e proteção contra o tormento da fome. É provável que a vida na península de Nicoya seja melhor na atualidade do que costumava ser. Apesar disso, o rápido desenvolvimento econômico da região dificulta nossa compreensão dos segredos das Zonas Azuis. Ou mais difícil de saber quais eram esses segredos.

* * *

As pessoas críticas ao conceito de Zona Azul argumentam que a globalização não prejudicou em nada esses lugares. Talvez nunca tenham sido lugares de alta longevidade, para começo de conversa. Veja bem, depois que as certidões de nascimento foram implementadas em todo o território norte-americano, o número de pessoas muito idosas caiu de maneira drástica. Isso não ocorreu porque certidões matam pessoas. Acontece que muitos dos "centenários" eram apenas pessoas leigas que não sabiam fazer contas para descobrir sua idade real — ou, sob um ponto de vista mais severo, houve fraudes escancaradas. Os críticos argumentam que a maioria das Zonas Azuis pode também ser palco de fraudes desse tipo. Eles argumentam que Sardenha, Okinawa e Ikaria são lugares curiosos para se atingir uma idade avançada. São províncias remotas e pobres, caracterizadas por baixos níveis de educação, taxas de criminalidade relativamente altas, alto consumo de álcool e alto índice de tabagismo.

Mas os pesquisadores da Zona Azul não são ingênuos e é evidente que refletiram sobre esses aspectos. Eles se empenharam bastante para validar as idades reais das pessoas estudadas se valendo de documentos oficiais, entrevistas com familiares e muitas verificações cruzadas. Apesar disso, é difícil descartar por completo a possibilidade de fraude. Fraude tem sido definitivamente a causa de outros "focos de longevidade" no passado. E uma coisa é certa: mentir sobre a idade é uma das formas de fraude mais antigas que existem. Mitos, lendas e até mesmo fontes históricas estão repletas de pessoas que supostamente viveram 200, 500 ou até mesmo 1.000 anos. É importante ter isso em mente quando falamos de estudos sobre pessoas centenárias.

Se quisermos saber mais sobre a longevidade humana, talvez seja mais garantido examinar dados em escala nacional. Nesse caso, nossa melhor aposta é a lista de expectativas de vida média global publicada pela Organização Mundial da Saúde. No momento em que este livro foi escrito, essa lista era encabeçada pelo Japão, seguido pela Suíça, Coreia do Sul, Cingapura e Espanha. As posições mudam a cada ano, mas, em geral, a lista é um *Quem é Quem* das democracias ricas do mundo. Além disso, é notável que os países asiáticos desenvolvidos se saem particularmente bem. Embora o Japão, a Coreia do Sul e Cingapura sejam países ricos, seus habitantes vivem ainda mais do que se poderia esperar apenas com base na riqueza. O motivo disso ainda é desconhecido. Uma explicação pode ser o estilo de vida saudável. Os países asiáticos tendem a ter culturas alimentares mais saudáveis e taxas de obesidade mais baixas do que os países ocidentais. Mas, por outro lado, eles também tendem a ter taxas mais altas de tabagismo e níveis mais altos de poluição. Outra explicação poderia ser uma ampla fraude na previdência. Em 2010, por exemplo, as autoridades japonesas descobriram que 230 mil das pessoas listadas como centenárias não foram encontradas. Algumas delas podem ter falecido há muito tempo sem que suas mortes tenham sido reportadas para que seus parentes pudessem continuar recebendo suas pensões. Mas, por outro lado, não há nada que sugira que a fraude previdenciária seja mais comum na Ásia do que no resto do mundo e, fora isso, os imigrantes asiáticos e seus descendentes também têm uma vida longa nos Estados Unidos. Na verdade, eles são a etnia mais longeva do país, pois vivem mais do que os norte-americanos de ascendência europeia.

Quando observo meu próprio canto do mundo, também fica claro que os países do sul da Europa tendem a superar o desempenho de seus vizinhos do norte. Quando este livro foi escrito, a Espanha, o Chipre e a Itália estavam em segundo, terceiro e quarto lugar na Europa. Esses países têm expectativa de vida cerca de dois anos mais alta, em média, do que alguns dos países do norte da Europa com índices menores, como a Alemanha, o Reino Unido e — fico triste em dizer — minha Dinamarca natal. As Zonas Azuis europeias, Icária e Sardenha, estão ambas localizadas no sul da Europa, e acredito que as classificações reflitam com precisão os estereótipos mantidos pela maioria dos europeus. A "dieta mediterrânea" há tempos tem sido promovida como uma alimentação benéfica sobretudo para a saúde, por exemplo.

Portanto, embora não seja surpresa que os habitantes dos países ricos geralmente vivem mais do que os dos países pobres, parece que devemos olhar em especial para o Leste Asiático e o sul da Europa se quisermos realmente aprender sobre a longevidade humana.

Capítulo 3

Os genes são superestimados

Ao explicar nossas diferenças, as ciências sociais geralmente fazem uma distinção entre hereditariedade e ambiente — natureza *versus* criação. Ou seja, nossas características podem ser inatas (algo que está em nossos genes) ou podem ser aprendidas (algo que foi moldado por nossas experiências). Por exemplo, se você quando criança tivesse sido adotado por uma família com olhos de cor violeta na Bulgária, isso não mudaria a cor dos seus olhos. Mas significaria que você estaria falando búlgaro hoje, e não português. Isso ocorre porque a cor dos olhos é determinada geneticamente, enquanto o idioma é determinado pelo ambiente.

Embora essa distinção clara funcione para algumas características, ela é um tanto artificial. Grande parte de nossos traços se deve tanto à genética quanto ao ambiente. Pense em sua personalidade. Você tem algumas inclinações naturais — talvez seja um pouco temperamental ou tímido, por exemplo. Mas isso pode melhorar (ou piorar) muito, dependendo do tipo de educação que você teve e do ambiente em que se encontra.

Da mesma forma, é esperado que nossas saúde e longevidade sejam afetadas tanto pelos genes quanto pelo ambiente. Se quisermos aprender sobre o envelhecimento e encontrar maneiras de combatê-lo, devemos tentar desvendar a contribuição desses dois elementos.

O método mais comumente adotado para investigar a relação genes *versus* ambiente é o estudo com gêmeos. Nesse caso, os cientistas aproveitam um presente da natureza: o fato de os gêmeos idênticos terem o mesmo DNA. Eles são como clones genéticos. Em geral, depois que um espermatozoide fertiliza um óvulo, o óvulo fertilizado se desenvolve como uma única pessoa. Entretanto, em algumas ocasiões, pode haver uma separação durante as divisões celulares iniciais. Quando isso acontece, o óvulo fertilizado acaba se tornando *duas* pessoas em vez de uma — ambas feitas a partir do mesmo projeto genético.

Já os gêmeos fraternos não têm o mesmo DNA. Eles vêm de dois óvulos diferentes que foram fertilizados por espermatozoides diferentes. Como resultado, os gêmeos fraternos não apresentam um nível de parentesco mais próximo do que o de irmãos normais, e compartilham 50% de seu DNA.

Essa diferença fundamental entre gêmeos idênticos e fraternos pode ser útil quando examinamos a importância dos genes em relação aos diferentes traços.

As duas duplas de irmãos gêmeos crescem em ambientes semelhantes, mas não são igualmente aparentados, já que os gêmeos idênticos compartilham duas vezes mais DNA do que os gêmeos fraternos. Se os gêmeos idênticos tiverem mais semelhanças do que os gêmeos fraternos em uma determinada característica, isso é um sinal de que os genes são importantes para essa característica.

Um exemplo interessante de um estudo com gêmeos é o Minnesota Twin Study, que acompanhou gêmeos idênticos e fraternos adotados por famílias diferentes e que, portanto, cresceram separados. Os pesquisadores esperavam que os gêmeos idênticos apresentassem muitas diferenças por terem sido criados de forma separada, mas ficaram surpresos com a semelhança entre os dois. Se você conhecesse essas pessoas, provavelmente imaginaria que elas cresceram juntas, embora elas nunca tenham se encontrado.

Nancy Segal, uma das pesquisadoras por trás do estudo, usou os gêmeos idênticos James Lewis e Jim Springer como exemplo. Os dois se conheceram quando já estavam na casa dos quarenta, mas até então eles levavam uma vida estranhamente parecida: saíam de férias com regularidade para a mesma praia na Flórida, os dois roíam as unhas, dirigiam Chevrolets azul-claros, sofriam de tipos semelhantes de dores de cabeça, e ambos trabalhavam meio período no gabinete de um xerife e em um McDonald's. Um dos gêmeos deu ao filho o nome de James Alan, enquanto o outro deu ao filho o nome de James Allan. As semelhanças chegavam a ser absurdas. Os gêmeos se casaram primeiro com mulheres chamadas Linda, depois se divorciaram das Lindas e se casaram com mulheres chamadas Betty. Por fim, um dos gêmeos se divorciou de sua Betty, e talvez isso seja motivo para a outra Betty começar a se preocupar.

É claro que o nome de sua esposa não é algo codificado em seus genes. Mas os dois irmãos são uma prova do quanto nossa genética pode influenciar nossas características. Mas e quanto à nossa expectativa de vida?

Um dos estudos mais importantes envolvendo gêmeos e longevidade foi feito com gêmeos dinamarqueses nascidos entre 1870 e 1900. Nesse estudo, os pesquisadores encontraram a chamada "herdabilidade" da longevidade em uma taxa de 0,26 para homens e 0,23 para mulheres. Resultados semelhantes foram identificados em outros estudos: 0,25 entre o povo Amish, 0,15 no estado de Utah e 0,33 na Suécia. O número exato não é relevante. O importante é que a herdabilidade é baixa: mais próxima de 0 do que de 1.

Herdabilidade é um conceito um tanto técnico, mas você pode entendê-lo da seguinte forma: se a herdabilidade de uma característica for 1, isso significa que *todas* as diferenças entre os indivíduos se devem aos seus genes. Por exemplo, se a herdabilidade da altura for 1 e uma pessoa for mais alta do que outra, isso significa que a diferença de altura se deve exclusivamente às diferenças genéticas entre as duas pessoas. Se a herdabilidade da altura fosse 0, a diferença se deveria exclusivamente ao ambiente. Portanto, quando a herdabilidade da expectativa de vida é de 0,15 a 0,33, isso mostra que a maioria das variações na expectativa de vida se deve a algo que *não está* em nossos genes.

Os pesquisadores ainda estão realizando estudos com gêmeos, mas começaram também a implementar novos projetos de estudo que separam genes e ambiente. Por exemplo, a Calico (California Life Company), de propriedade do Google, realizou um estudo em colaboração com a Ancestry.com, que hospeda mais de 100 milhões de árvores genealógicas. Essas árvores genealógicas incluem enormes quantidades de dados sobre o tempo de vida de diferentes famílias que podem, é claro, ser analisados.

O resultado do estudo confirmou a baixa herdabilidade da longevidade. Ou seja, embora seus genes sejam altamente influentes em inúmeras das suas características, eles não são muito importantes para a duração de sua vida.

Na verdade, os pesquisadores da Calico descobriram que os genes podem ser ainda menos importantes do que os estudos com gêmeos sugerem. Eles descobriram que casais — que geralmente não são parentes — têm uma expectativa de vida mais semelhante do que a de irmãos do sexo oposto. E, de modo geral, há uma correlação entre a expectativa de vida de uma determinada família e a expectativa daqueles que se casam com um membro dessa família. Isso pode ser um consolo caso sua sogra tenha se mudado para sua casa e se recuse a bater as botas.

É provável que a expectativa de vida semelhante dos casais decorra do fato de que nós tendemos a nos casar com pessoas que são um tanto parecidas conosco. Obviamente, não sabemos de antemão a expectativa de vida de nossos futuros parceiros, mas é provável que sejam pessoas com quem compartilhamos interesses por coisas como dieta e exercícios (ou a ausência dessas coisas), e que tenham níveis socioeconômicos e aspectos físicos semelhantes.

O ponto desse detalhe na história é que a correlação entre casais faz com que longevidade pareça mais determinada pela genética do que de fato é. Quando os pesquisadores passam a considerar para todos os efeitos que nos casamos com pessoas semelhantes a nós mesmos, a herdabilidade da longevidade cai para menos de 0,1. Em outras palavras, sua expectativa de vida não é de forma alguma determinada geneticamente. Essa é uma boa notícia caso queira fazer algo em relação ao tempo que você tem para viver.

Herdabilidade na história

É evidente que todos os estudos sobre a herdabilidade do tempo de vida são feitos em pessoas falecidas que nasceram em uma época muito diferente da nossa. Sendo assim, isso pode influenciar os resultados.

A altura é uma boa analogia. No passado, a altura de um adulto dependia muito mais do ambiente — classe social — do que atualmente. Se você nascesse rico, teria uma alimentação farta, incluindo muita proteína. Se nascesse pobre, provavelmente sobreviveria à base de uma dieta monótona e poderia até passar fome, tudo isso enquanto vivia em condições de aglomeração que favoreciam a disseminação de doenças. Essas diferenças significavam que as pessoas ricas costumavam ser mais altas do que as pobres, não devido aos seus genes, mas à sua criação. Hoje em dia, esse não é mais o caso. Na maioria dos países desenvolvidos, mesmo os mais pobres recebem alimentação suficiente, além de proteínas suficientes e vacinas infantis. Isso quer dizer que todos têm a chance de crescer até a altura que sua genética permitir. Portanto, hoje, a altura adulta é muito mais influenciada pela genética do que seria no passado. Talvez o mesmo ocorra com a longevidade: quanto mais pessoas tiverem acesso às condições ideais para uma vida longa, mais importante a genética pode vir a ser.

As pessoas tendem a pensar que, se alguma coisa é genética, é também definitiva. Mas você deve saber que os genes não são mágicos nem têm a ver com o destino. Eles são apenas formas de proteínas. Uma diferença genética entre mim e você pode significar que você produz um pouco mais ou um pouco menos de uma determinada proteína, ou que a sua versão da proteína tem um formato ligeiramente diferente da minha. Essas diferenças às vezes levam a variações em nossas características, mas elas não se devem à magia, apenas às proteínas.

Se conseguirmos aprender como a genética molda as diferenças entre as pessoas, poderemos encontrar maneiras de reproduzir o efeito utilizando medicamentos ou tecnologia. Por exemplo: os genes têm um impacto na probabilidade de desenvolvermos problemas de visão, mas hoje já inventamos óculos, lentes de contato e cirurgia ocular a laser. Um dia, desenvolveremos tecnologia para tornar completamente irrelevante o fato de você ter uma propensão genética à miopia — uma tecnologia que talvez imite os mecanismos genéticos que protegem algumas pessoas do risco de desenvolver problemas de visão.

O mesmo se aplica à genética da expectativa de vida. Embora tenhamos aprendido que os genes têm um impacto limitado na duração de nossas vidas, isso não quer dizer que seu impacto é zero. Significa que podemos obter pistas sobre os segredos por trás de uma vida longa a partir da genética de pessoas com vida longa. Ao desvendar esses segredos, podemos então criar medicamentos que imitem esse efeito para as outras pessoas de modo que todos possam colher os benefícios.

Imagine, por exemplo, que descobrimos que você possui uma mutação no gene fictício GENE1. Ao mesmo tempo, descobrimos que você e algumas pessoas com essa mutação têm uma probabilidade maior de ter uma vida longa. Ao pesquisarmos a mutação, podemos descobrir que ela faz você produzir um pouco menos de proteína

GENE1 do que o normal. Então, tudo o que precisamos fazer é encontrar uma maneira de imitar isso nas outras pessoas quebrando a proteína GENE1 ou usando medicamentos que inibam a sua produção, por exemplo.

Para ser justo, a biologia da vida real é um pouco mais confusa do que essa minha teoria simples. O problema é que temos cerca de 21 mil genes.

Antigamente, era normal dizer coisas como "o gene da altura" ou "o gene da obesidade". Entretanto, hoje sabemos que a genética é muito mais complicada. A maioria das nossas características não é determinada por um único gene, mas influenciada por milhares de genes diferentes ao mesmo tempo. Na maioria das vezes, cada gene — ou variante genética — tem apenas um pequeno impacto. Isso significa que você terá de somar todos esses pequenos efeitos se quiser prever algo sobre uma pessoa. Felizmente, isso *é* algo que podemos fazer por meio dos GWAS (Genome-Wide Association Studies [traduzido como Estudos de Associação Genômica Ampla]). A estatística por trás desses estudos é bem complexa, mas o conceito em si é simples. Em um GWAS, os cientistas usam os genomas de milhares de pessoas em um esforço para encontrar correlações entre variantes genéticas específicas e determinadas características. Imagine, por exemplo, que você identifique uma variante genética que é encontrada em todas as pessoas de olhos azuis, mas não em pessoas de olhos castanhos. Isso pode ser um sinal de que a variante genética tem algo a ver com a cor dos olhos. Se já soubermos que esse gene esteve associado à produção de pigmentos ou ao desenvolvimento dos olhos em estudos anteriores, o caso se fortalecerá.

Depois que os cientistas identificam inúmeras dessas pequenas correlações, elas são acrescentadas por meio de estatísticas ao que é chamado de escore de risco poligênico. Vamos a um exemplo simples: imagine que somos dois pesquisadores desestimulados que querem investigar os genes por trás da inquietação. Conduzimos um GWAS em várias pessoas e, nesse caso, descobrimos que as diferenças na inquietação se devem a mil variantes genéticas diferentes.

Em seguida, analisamos a nós mesmos. Nesse caso, usamos um modelo simples: se uma variante genética torna uma pessoa mais inquieta, colocamos +1; e se ela faz o contrário, colocamos -1. Quando somamos todas as mil variantes genéticas, eu obtenho um escore de risco para agitação de +600, enquanto você obtém um escore de -200. Em outras palavras, é melhor eu me mexer e terminar este livro. E você pode relaxar no sofá e lê-lo.

Os cientistas que trabalham de verdade com GWAS voltados para a longevidade ainda estão longe de entender a genética de uma vida longa. Mas eles descobriram alguns mecanismos genéticos interessantes que podem ser usados como pistas.

Primeiro, há uma clara ligação com o sistema imunológico. Muitas variantes genéticas que ajudam as pessoas a viver mais tempo desempenham algum tipo de função em nossa defesa contra infecções.

Segundo, há uma ligação com o metabolismo e o crescimento. Por exemplo, existem variantes genéticas em um gene de nome Forkhead Box O3 (FOXO3) que estão relacionadas a uma vida longa. O FOXO3 tem diversas funções, mas uma delas é o seu envolvimento na sinalização hormonal feita pelos hormônios que promovem o crescimento e influenciam o metabolismo, a insulina e o IGF-1.

Terceiro, há uma conexão com variantes genéticas ligadas às doenças relacionadas à idade. Ou seja, enquanto algumas das variantes genéticas que influenciam o tempo de vida afetam o próprio processo de envelhecimento, outras influenciam o risco de contrair uma doença relacionada à idade *depois* de envelhecer. A mais proeminente dessas variantes genéticas está em um gene chamado apolipoproteína E (apoE). A apoE ajuda a transportar gorduras, vitaminas e colesterol do sistema linfático de volta para a corrente sanguínea. Mas a natureza gosta de reciclar, por isso ela também desempenha um papel no sistema nervoso e na regulação do sistema imunológico. Por motivos que ainda não estão totalmente claros, a apoE é uma importante moduladora do risco de contrair a doença de Alzheimer. Existem três variantes do gene apoE entre os seres humanos: ε2, ε3 e ε4. A maioria das pessoas tem duas versões da variante ε3 "normal" (uma do pai e outra da mãe). Mas cerca de 20 a 30% das pessoas têm uma variante ε3 normal e uma variante ε4. Isso aumenta o risco de desenvolver a doença de Alzheimer. Dois por cento das pessoas têm o azar de possuir *duas* variantes ε4, e essas têm um risco muito maior do que o normal de desenvolver a doença de Alzheimer.

* * *

Em geral, os GWAS são mais adequados para identificar efeitos de variantes genéticas encontradas em um grupo grande de pessoas. Caso uma variante genética seja muito rara, seu efeito pode passar despercebido. Isso não quer dizer que essas variantes não são importantes para a saúde e a longevidade — na verdade, há motivos para acreditar no contrário. Felizmente, variantes genéticas raras com efeitos interessantes são descobertas ocasionalmente em outras circunstâncias.

Para conhecer um desses casos, será necessário fazer um desvio na direção de uma pequena cidade de Berne, Indiana. À primeira vista, Berne é parecida com a maioria das outras cidades do meio-oeste americano: um traçado de ruas ortogonal, casas grandes com belos gramados e cercada por campos até onde a vista alcança. Apesar disso, basta conhecer os habitantes para perceber que há algo diferente em relação aos moradores comuns do meio-oeste. Muitos habitantes de Berna se vestem com roupas modestas e antiquadas e se deslocam em carruagens puxadas por cavalos. E se você chegar perto o bastante para prestar atenção nas conversas, não ouvirá inglês, mas um dialeto de origem alemã.

Eles são Amish: um grupo muito unido que pratica uma forma particular de cristianismo. Seu modo de vida se baseia no trabalho árduo, na modéstia e em evitar a maioria das tecnologias modernas. Originalmente, os Amish vieram da Alemanha e da Suíça para a América do Norte nos séculos XVIII e XIX, e isso fica evidente no fato de que eles ainda chamam todas as pessoas que não são Amish de "ingleses". Mas os Amish da Europa já se foram há muito tempo, e agora são encontrados somente no Novo Mundo.

Há cem anos, havia apenas cerca de 5 mil Amish em todo o território dos Estados Unidos. Mas, na virada do milênio, havia 166 mil, e agora há mais de 330 mil. Isso não se deve ao fato de que agora é moda ser Amish. Inclusive, é bastante incomum que pessoas de fora se juntem a eles. Na verdade, os Amish aumentam seu número tendo muitos filhos. Como resultado, os Amish de Berne descendem, em sua maioria, de um pequeno grupo de famílias que se mudaram de Ohio para Indiana no século XIX. Sem saber, um desses migrantes carregava uma mutação genética única. Se esse migrante tivesse se casado com alguém da população norte-americana fora de seu círculo, sua descendência teria se espalhado de maneira mais ampla, e provavelmente nunca teríamos descoberto a mutação. Mas como esse alguém era Amish, muitos de seus descendentes estão em Berna. Na verdade, alguns moradores de Berna herdaram a mutação de pai e mãe porque descendem do portador original em ambos os lados da árvore genealógica.

A mutação em questão está localizada em um gene que em geral produz a proteína PAI-1. Ela recebeu o nome de mutação de *perda de função*: uma mutação que faz com que um gene pare de funcionar. Uma pessoa que herdou uma única versão mutante do gene produzirá aproximadamente 50% menos PAI-1 do que o normal. E alguém que tenha herdado a variante mutante de pai e mãe não produzirá PAI-1 de forma alguma.

A razão pela qual hoje conhecemos essa variante genética é a pesquisa da Northwestern University em Evanston, Illinois. Nela, os pesquisadores demonstraram que o aumento dos níveis de PAI-1 acelera o processo de envelhecimento em camundongos. Ao mesmo tempo, o baixo nível de PAI-1 é uma proteção para esse processo. Você consegue ligar os pontos?

O povo Amish de Berna, que é da mutação especial da PAI-1, tem níveis geneticamente baixos de PAI-1: um presente genético de um de seus ancestrais. Se níveis mais baixos de PAI-1 retardam o envelhecimento em camundongos, será que o mesmo poderia ocorrer em pessoas?

Os pesquisadores se propuseram a investigar isso comparando os portadores da mutação com os Amish portadores de versões normais da PAI-1. Como a comunidade Amish é muito unida, foi possível usar as árvores genealógicas para voltar no tempo e descobrir quem deveria ser portador da mutação.

Eles descobriram que as pessoas portadoras da mutação da PAI-1 tinham, de fato, uma vida mais longa do que os Amish "normais". Trata-se de um indício interessante de que a PAI-1 pode afetar pessoas e camundongos de forma semelhante.

Como discutimos anteriormente, o próximo passo é transferir esse dom genético para o resto de nós. É claro que são necessários mais estudos para confirmar esse efeito e compreendê-lo melhor. Mas as empresas de biotecnologia já estão trabalhando na criação de medicamentos que possam inibir a PAI-1. Enquanto aguardamos, podemos nos perguntar por que a PAI-1 está acelerando o processo de envelhecimento.

Uma sugestão é que a PAI-1 desempenha um papel importante em algo nomeado como senescência celular, uma condição especial que acomete algumas células à medida que envelhecemos, na qual elas ficam entre a vida e a morte. Vamos chamá-las de células zumbis. As células zumbis perdem sua capacidade de se dividir, bem como a maioria de suas funções normais. No entanto, por alguma razão, elas continuam ali e começam a expelir um coquetel de moléculas. Essas moléculas — uma das quais é a PAI-1 — podem danificar tecidos e parecem acelerar o processo de envelhecimento. Portanto, podemos acrescentar as "células zumbis" à nossa lista de fenômenos biológicos geneticamente previstos que irão desempenhar um papel no envelhecimento.

Capítulo 4

As desvantagens da imortalidade

Qual é a metade de 100? Se estivermos falando de envelhecimento, não é cinquenta. É noventa e três. Veja bem, na verdade é tão difícil chegar dos noventa e três aos cem anos quanto ir do nascimento até os noventa e três anos.

Isso ocorre porque o envelhecimento humano é exponencial. Se sobrevivermos ao nascimento, entraremos na parte estatisticamente mais segura da vida (moderna): ser criança. Nessa altura da vida, somos completamente imunes a todas as doenças relacionadas à idade que vão nos afligir mais tarde. No entanto, o que é bom raramente dura para sempre e, por fim, chegamos à puberdade. A partir daí, tem início o envelhecimento. Depois que terminamos a puberdade, o risco de morrer começa a aumentar a cada ano adicional de vida, dobrando aproximadamente a cada oito anos. Como o risco de morte começa baixo, é difícil que seja notado de início. Durante a primeira década, ou uma década e meia após a puberdade, cada novo ano não parece tão diferente do anterior. Mas, com o passar do tempo, o declínio físico do corpo vai se tornando evidente. Em algum momento, o risco de morte chega a ser muitas vezes maior do que era na juventude. Se você tiver a sorte de sobreviver à ofensiva exponencial do envelhecimento e conseguir chegar aos cem anos, terá, a cada dia de vida, o mesmo risco de morrer que teve por um ano inteiro enquanto tinha vinte e cinco anos.

O risco de morte aumenta com a idade porque nossa fisiologia declina aos poucos. Em essência, o declínio físico ao longo do tempo é o que constitui o envelhecimento. Todos nós conhecemos os sinais óbvios, como rugas e cabelos grisalhos, mas o envelhecimento é muito mais do que aquilo que podemos ver superficialmente. Reuni aqui algumas das mudanças que ocorrem durante o envelhecimento:

	Declínio
Sentidos, sistema nervoso	Pensamento mais lento; piora da memória; piora do equilíbrio; visão mais fraca devido ao cristalino estar menos elástico; visão pior no escuro; declínio do olfato e do paladar.
Coração e vasos sanguíneos	Menor elasticidade dos vasos sanguíneos, o que aumenta a pressão arterial; enfraquecimento da função de bombeamento do coração; ritmo cardíaco anormal se torna mais comum.
Músculos e ossos	Menor massa e força musculares; menor resistência; menor densidade óssea, aumentando o risco de fraturas; menor altura devido ao encolhimento da cartilagem e das vértebras.
Características externas	A pele se torna mais fina e seca; hematomas surgem com mais facilidade; aparecimento de manchas da idade, rugas e cabelos grisalhos.
Sistema imunológico	Pior reconhecimento e menor mobilização contra novos patógenos; maior ativação de baixo nível contra nosso próprio corpo ou contra nada em específico.
Hormônios	Redução na produção de muitos hormônios: mulheres produzem menos estrogênio e progesterona e entram na menopausa; homens produzem menos testosterona.

Órgãos internos	Pulmões: menor elasticidade; redução da ingestão de ar. Fígado: diminuição da capacidade de neutralizar substâncias nocivas, como o álcool. Intestino: alterações prejudiciais na composição do microbioma; menor integridade. Bexiga: menor elasticidade, o que leva a uma maior frequência urinária.

Como você já deve suspeitar, com base na tabela apresentada, a regra geral é que qualquer função corporal piora com a idade. Os declínios não acontecem ao mesmo tempo com todos ou na mesma velocidade. Algumas pessoas nunca ficam com cabelos brancos, por exemplo. Mas escolha praticamente qualquer parte de sua fisiologia e é quase certo que ela vai estar em pior estado em vinte anos do que está agora.

Embora algumas pessoas fiquem inconsoláveis com o aparecimento de rugas, o verdadeiro problema nesse caso não é a aparência, mas o fato de que todo esse declínio aumenta drasticamente o risco de várias doenças. É mencionado que algumas pessoas morrem de "velhice", mas a grande maioria das pessoas morre de algum tipo de doença relacionada à idade. Ou seja, uma doença que atinge apenas, ou principalmente, os idosos. Isso é bastante visível na lista das principais causas de morte — veja aqui a dos Estados Unidos:

Classificação	Causa da morte	Porcentagem
1	Doenças cardíacas	23%
2	Cânceres	21%

3	Acidentes	6%
4	Doenças crônicas do trato respiratório inferior	6%
5	Doença cerebrovascular (especialmente derrame)	5%
6	Doença de Alzheimer (demência)	4%

Fora os acidentes, todas essas causas de morte têm uma coisa em comum: são, em sua maioria, causadas pelo envelhecimento. Os jovens simplesmente não sofrem ataques cardíacos ou desenvolvem demência.

Gastamos a maior parte do dinheiro de nossas pesquisas na tentativa de entender melhor essas doenças e desenvolver possíveis curas. Mas, mesmo que tivéssemos sucesso, isso não seria suficiente. Imagine, por exemplo, que amanhã você encontre a cura para todos os tipos de câncer. Qual seria o tamanho do impacto dos seus esforços na expectativa de vida? A erradicação do câncer acrescentaria dez anos? Mais?

Na verdade, a expectativa de vida aumentaria apenas 3,3 anos se todos os cânceres desaparecessem amanhã. Se, em vez disso, erradicássemos as doenças cardiovasculares, a expectativa de vida aumentaria 4 anos e, se curássemos a doença de Alzheimer, aumentaria 2 anos. Isso pode parecer surpreendentemente pouco, mas a explicação é que as pessoas apenas morreriam de alguma outra coisa. A causa de sua morte pode ser uma doença, mas a causa final é o envelhecimento. Um corpo jovem consegue manter essas doenças sob controle porque é hábil na manutenção e no reparo. Mas, à medida que entramos em declínio físico, abre-se a porta para as doenças relacionadas à idade. No início, essa porta pode estar ligeiramente entreaberta, mas, com o passar do tempo, ela continua a se abrir cada vez mais, até que, por fim, pode até haver uma placa dizendo "bem-vinda".

O lado negativo dessa percepção é que as doenças relacionadas à idade são muito difíceis de serem evitadas em um corpo velho. Mas o lado bom é que temos a chance de nos proteger contra muitas doenças ao mesmo tempo. Se a raiz de todos os nossos maiores males for a mesma, isso significa que podemos aumentar nossa resistência a todos eles de uma só vez. O segredo é retardar o envelhecimento. Um corpo relativamente jovem será mais eficiente na tarefa de se manter saudável por conta própria e será uma dupla vantagem: além de passar mais anos em um estado saudável e vigoroso, também irá manter a porta fechada para as doenças relacionadas à idade por mais tempo.

Síndromes do envelhecimento

Existem algumas doenças genéticas que fazem com que as pessoas envelheçam de maneira muito mais rápida do que o normal. Uma delas é chamada de progeria e se caracteriza por um corpo pequeno e frágil, falta de cabelo e uma aparência facial distinta. Em essência, os indivíduos com progeria começam a envelhecer antes mesmo de crescerem. Em geral, eles acabam morrendo de doenças relacionadas à idade, como ataques cardíacos e derrames. Mas a diferença é que essas doenças aparecem terrivelmente cedo em suas vidas: a expectativa de vida média das pessoas com progeria é de apenas treze anos.

A causa dessa doença genética cruel é uma mutação em um gene que produz a proteína lamina A. A lamina A é uma parte de algo chamado núcleo da célula e, quando a proteína sofre mutação, essa estrutura acaba tendo um formato diferente do normal. Por alguma razão, ela piora a capacidade de reparar danos ao DNA, o que é importante para a saúde celular. Esse mecanismo é compartilhado por outras doenças genéticas de envelhecimento acelerado.

Embora tenhamos uma boa noção sobre as muitas partes do corpo que entram em declínio durante o envelhecimento, não está muito claro *por que* isso acontece. Como sempre na biologia, devemos nos voltar para a teoria da evolução de Charles Darwin em busca de respostas. Como disse certa vez o biólogo Theodosius Dobzhansky, "nada na biologia faz sentido, exceto à luz da evolução". Por exemplo, se quisermos entender por que um tigre tem listras, a teoria da evolução tem a resposta: as listras ajudam a camuflá-lo. Os tigres mais bem camuflados capturam a maioria das presas e isso significa que eles podem criar mais filhotes, que herdam a camuflagem boa de seus pais. E assim continua geração após geração.

O problema é que o envelhecimento é um fenômeno difícil de se entender do ponto de vista evolutivo, pelo menos à primeira vista. Qual seria o benefício de envelhecer e morrer? Por que os animais não estabelecem um tempo de vida cada vez mais longo para que possam seguir produzindo seus descendentes para sempre? É claro que, para que sejam bem-sucedidos, eles teriam que alimentar e cuidar de sua prole também. Apesar disso, é evidente que não há nada a ganhar com o envelhecimento. Envelhecer é a maneira mais garantida de *não* produzir descendentes. No entanto, vivemos em um mundo em que o envelhecimento é bastante normal.

O biólogo britânico Peter Medawar nos deu a mais divertida visão sobre por que as coisas são assim. Ele argumentou que, mesmo que a maioria dos animais *pudesse* viver para sempre, eles não o fariam. Imagine, por exemplo, que fosse possível pegar nosso já citado tigre e poupá-lo do envelhecimento. Mesmo que esse tigre fosse biologicamente imortal, ele ainda poderia ficar doente por causa de uma infecção, ser ferido quando uma presa revidasse, morrer em um acidente, ser morto por outro tigre ou, infelizmente, acabar como troféu de algum caçador ilegal. A vida na natureza é perigosa, mesmo no topo da cadeia alimentar.

As teorias mais amplamente aceitas sobre a evolução do envelhecimento se baseiam nessa percepção. Os teóricos da biologia se perguntam se o envelhecimento surgiu porque a morte é uma certeza na natureza. O envelhecimento faz com que seja mais vantajoso investir no agora do que em um possível futuro que talvez nunca chegue. Já discutimos um pouco sobre esse fenômeno. Lembram-se dos gambás? Aqueles que viviam em segurança na ilha Sapelo desenvolveram uma expectativa de vida mais longa do que aqueles que viviam no perigo constante da floresta tropical. E, da mesma forma, os animais que podem voar vivem mais do que os que estão limitados ao chão, provavelmente porque o voo torna mais fácil fugir dos predadores, obtendo maiores vantagens ao investir no futuro.

Podemos visualizar esse processo a partir de um experimento mental: imagine que nosso tigre nasça com uma mutação que é prejudicial a ele desde o início. Talvez essa mutação torne o tigre azul brilhante. Embora isso lhe dê uma aparência legal, também permite que suas presas consigam vê-lo se aproximar. Isso significa que o tigre azul capturaria menos presas e teria mais dificuldade para criar seus filhotes. Se os filhotes herdassem a mutação e também fossem azuis, eles também teriam menos sucesso. Por fim, a mutação desapareceria.

No entanto, o que aconteceria se a mutação não fosse imediatamente prejudicial a ele? Em vez de deixar o tigre azul, a mutação talvez faça com que ele fique cego — mas não antes dos quinze anos. Nosso tigre ficaria bem por um longo tempo e poderia criar muitos filhotes. *Se* ele chegasse aos quinze anos, não conseguiria mais capturar nenhuma presa e morreria de fome. Mas a maioria dos tigres não chega a tanto, de qualquer forma. Essa teoria é chamada de "teoria do acúmulo de mutações". Em resumo, ela imagina que entramos em declínio físico ao longo do tempo porque a evolução tem dificuldade em se livrar de mutações que só são prejudiciais após o ponto em que o animal possivelmente já estaria morto de qualquer jeito.

Agora, imagine que a mutação da cegueira não seja apenas *neutra* nos primeiros quinze anos de vida. E se ela fosse inicialmente *benéfica*? Pode ser que essa mutação faça com que o tigre enxergue *melhor* no início da vida ao custo de perder a visão na velhice. Agora, a mutação pode ajudar o tigre a capturar *mais* presas e criar *mais* filhotes no início da vida. Mesmo que a mutação condene o tigre a ficar cego e a morrer de fome, é possível imaginar como esse tigre poderia criar mais filhotes do que um tigre normal. Essa teoria é chamada de "teoria da pleiotropia antagonista" para que você se lembre melhor. Em resumo, a teoria postula que certas variantes genéticas podem ser benéficas no início da vida, mas prejudiciais mais tarde. Se o início da vida for mais importante, essas variantes genéticas podem se tornar comuns e seus efeitos prejudiciais na fase tardia da vida produziriam o declínio físico que chamamos de envelhecimento.

* * *

As teorias mais populares consideram o envelhecimento uma falha em reparar os danos de forma adequada. Em essência, elas propõem que os animais tentam combater o envelhecimento, mas acabam ficando sem as ferramentas necessárias. Alguns pesquisadores acham que essa visão está completamente errada. Eles argumentam que, na verdade, o envelhecimento é algo que fazemos *a nós mesmos*: uma espécie de continuação do programa de desenvolvimento que nos leva do óvulo fertilizado ao bebê, à criança e ao adulto. Essa ideia costuma ser chamada de "envelhecimento programado". Ingenuamente, isso faria sentido, não é? Se todos os animais vivessem para sempre, acabaria havendo tantos animais que toda a comida seria consumida e todos acabariam morrendo de fome. Não seria uma estratégia particularmente inteligente.

Embora essa teoria pareça plausível a princípio, ela é controversa por apresentar sérios desafios lógicos e matemáticos. A evolução simplesmente não funciona em nível de grupo dessa forma. Um dos principais problemas é uma situação clássica chamada "a tragédia dos comuns". É o mesmo fenômeno que nós, seres humanos, encontramos quando temos de cuidar do meio ambiente, pagar impostos ou manter limpa uma cozinha compartilhada. Sempre haverá aqueles que tentam colher os benefícios sem contribuir com nada.

A "tragédia dos comuns" está em toda a natureza, e é possível que já tenha se deparado com ela sem saber. Se você já assistiu a algum documentário sobre a vida selvagem, pode já ter se perguntado por que é raro as presas revidarem. Milhares de gnus podem ser dispersos por alguns leões. Certamente o equilíbrio de forças deveria estar pendendo para o outro lado. Não importa o quanto os leões sejam fortes e ferozes, um grande número de gnus deveria ser capaz de derrubá-los. Às vezes são milhares deles contra um! No entanto, toda vez que os leões se aproximam — mesmo que seja apenas um leão —, os gnus fogem em pânico. Como resultado, de tempos em tempos um deles acaba sendo devorado.

Caso os gnus falassem inglês, poderíamos fazê-los sentar-se para explicar a situação a eles: "Se vocês cooperarem, podem virar o jogo. Vocês conseguem matar os leões caso se juntem contra eles, e assim vão se livrar dos predadores." Os gnus obviamente seriam influenciados por nossa lógica e fariam um plano para se defender. Então, durante o ataque seguinte dos leões, eles revidariam de forma corajosa. Pode ser que vários gnus saíssem feridos, mas a vantagem numérica conduziria à vitória final. A partir de então, os gnus estariam livres de seus algozes.

Ocasionalmente, os gnus teriam que lutar contra novas matilhas de leões, mas conseguiriam melhorar muito suas vidas com o trabalho em equipe.

Entretanto, como em qualquer grupo, haverá um covarde entre os gnus. Esse cara gosta da segurança recém-conquistada como qualquer um ali. No entanto, não tem vontade de arriscar a própria vida — os outros que façam isso. Por isso, na vez seguinte em que os leões atacarem, o covarde vai dar um jeito de ficar no fundo da defesa. Dessa forma, ele não corre nenhum risco enquanto os outros gnus mantêm a manada segura.

Os gnus corajosos na frente de batalha são ocasionalmente feridos e alguns até morrem. Já o covarde sempre dá um jeito de se manter em segurança. Ele vive muito mais do que a média dos gnus e, como resultado, tem mais descendentes. Alguns dos filhotes também são covardes e dão um jeito de se manterem seguros na parte de trás, como seu pai. Como resultado, os gnus covardes têm mais descendentes ao longo das gerações do que os gnus corajosos. Eles só pensam em si mesmos e se mantêm seguros, nunca arriscando nada pelos outros. No entanto, isso significa que, por fim, toda a manada consiste em covardes. Quando isso acontece, a tática de defesa inteligente dá errado e passa a ser cada gnu por si outra vez.

Por outro lado, em nossa sociedade, inventamos mecanismos sociais que fazem com que seja mais difícil trapacear assim. Punimos as pessoas que tentam sonegar impostos, cobramos as empresas que poluem o meio ambiente ou falamos mal da pessoa que foge da limpeza da cozinha compartilhada. Porém, mesmo com todas as nossas adaptações culturais, ainda é difícil cuidar do meio ambiente, cobrar impostos ou manter uma cozinha compartilhada limpa. A natureza não tem nem de longe a mesma sorte que nós, humanos — ela não consegue prever problemas nem pensar neles de forma racional. Nesse sentido, a evolução é como caminhar às cegas pela natureza, e a solução ideal para a "tragédia dos comuns" é, muitas vezes, ser um covarde.

É por isso que o envelhecimento programado seria um desafio. Mesmo supondo que ele possa evoluir de alguma forma (o que seria muito improvável, para começo de conversa), seria confrontado com a "tragédia dos comuns". Programar o envelhecimento nos genes de um organismo implica torná-lo vulnerável a mutações. Em um determinado momento, um indivíduo nasceria com um programa de envelhecimento disfuncional. Esse indivíduo seria então biologicamente imortal, e teria uma enorme vantagem. Ele teria muito mais descendentes do que os membros de sua espécie que envelhecem e morrem de modo apropriado. E, no fim das contas, essa criatura imortal se tornaria o ancestral comum a todos nós.

Portanto, considerando que não somos todos imortais no momento, o envelhecimento programado parece improvável. E o motivo pelo qual estou falando disso mesmo assim é que há muitos exemplos na natureza e nos laboratórios que *parecem* ser algo do tipo. Por exemplo:

- As abelhas-rainha e operária têm os mesmos genes. O fato de uma larva se tornar uma rainha ou uma operária depende apenas do alimento e dos cuidados que a larva recebe. Mas, apesar do projeto genético idêntico, há uma enorme diferença entre o tempo de vida de uma abelha-rainha e o de uma operária. O mesmo acontece com as formigas.
- Como aprendemos, os polvos fêmeas protegem seus ovos em tempo integral e morrem poucos dias após a eclosão. Entretanto, se você remover uma glândula específica chamada glândula

óptica, a mãe permanecerá viva. A remoção de uma das duas glândulas ópticas prolonga a vida do polvo por algumas semanas, enquanto a remoção das *duas* glândulas ópticas resulta em mais de quarenta semanas de vida.

- Na década de 1980, o cientista norte-americano Tom Johnson descobriu que era possível prolongar a vida do verme de laboratório *C. elegans* desativando um gene chamado age-1. No início, os cientistas achavam que os vermes viviam mais porque a desativação do age-1 fazia com que eles transferissem recursos da reprodução para o reparo e a manutenção. Mais tarde, porém, descobriu-se que os vermes com o age-1 desativado tinham tantos descendentes quanto os vermes normais. Parece que não há desvantagens — a perda desse gene simplesmente aumenta a expectativa de vida do verme. Desde a descoberta do age-1, os cientistas encontraram muitos outros genes que podem ser desativados no *C. elegans* e que, da mesma forma, prolongam o tempo de vida sem nenhuma desvantagem aparente. De acordo com as teorias convencionais, isso é muito inusitado.

Talvez toda essa especulação pareça apenas acadêmicos debatendo em vão, mas, nesse caso, descobrir quem tem razão é vital para a luta contra o envelhecimento. Entender o que *é* o envelhecimento determina qual deve ser a nossa abordagem ao procurar maneiras de combatê-lo. Se o envelhecimento é a falha do corpo em se reparar, como dizem as teorias convencionais, então a solução é a reparação de danos. Devemos identificar todas as diferentes maneiras pelas quais nosso corpo entra em declínio e consertar cada uma delas, uma de cada vez. Se, por outro lado, o envelhecimento é algo programado, isso requer uma solução muito mais fácil: rebobinar o programa. Já entendemos muito bem como funciona o caminho inicial de desenvolvimento: como passamos da concepção ao bebê, e da criança ao adulto. Se o envelhecimento segue um programa similar, não precisaremos consertar os danos que se acumulam na velhice. Só é necessário entender esse programa de envelhecimento e fazer com que retroceda. Nossos corpos, então, se tornariam biologicamente jovens de novo e cuidariam dos danos por conta própria, como os corpos jovens fazem na maioria das vezes.

Como já deve ter ficado claro, ainda não estamos em condições de escolher entre essas duas opções, mas é possível apostar em uma delas ao decidir o que pesquisar ou em que investir. Mas, para tentar combater o envelhecimento agora, a coisa mais racional a ser feita é manter a mente aberta a todas as possibilidades.

precisamente, conservar os danos que se acumulam na velhice. Só é [illegible]

Parte II

AS DESCOBERTAS DOS CIENTISTAS

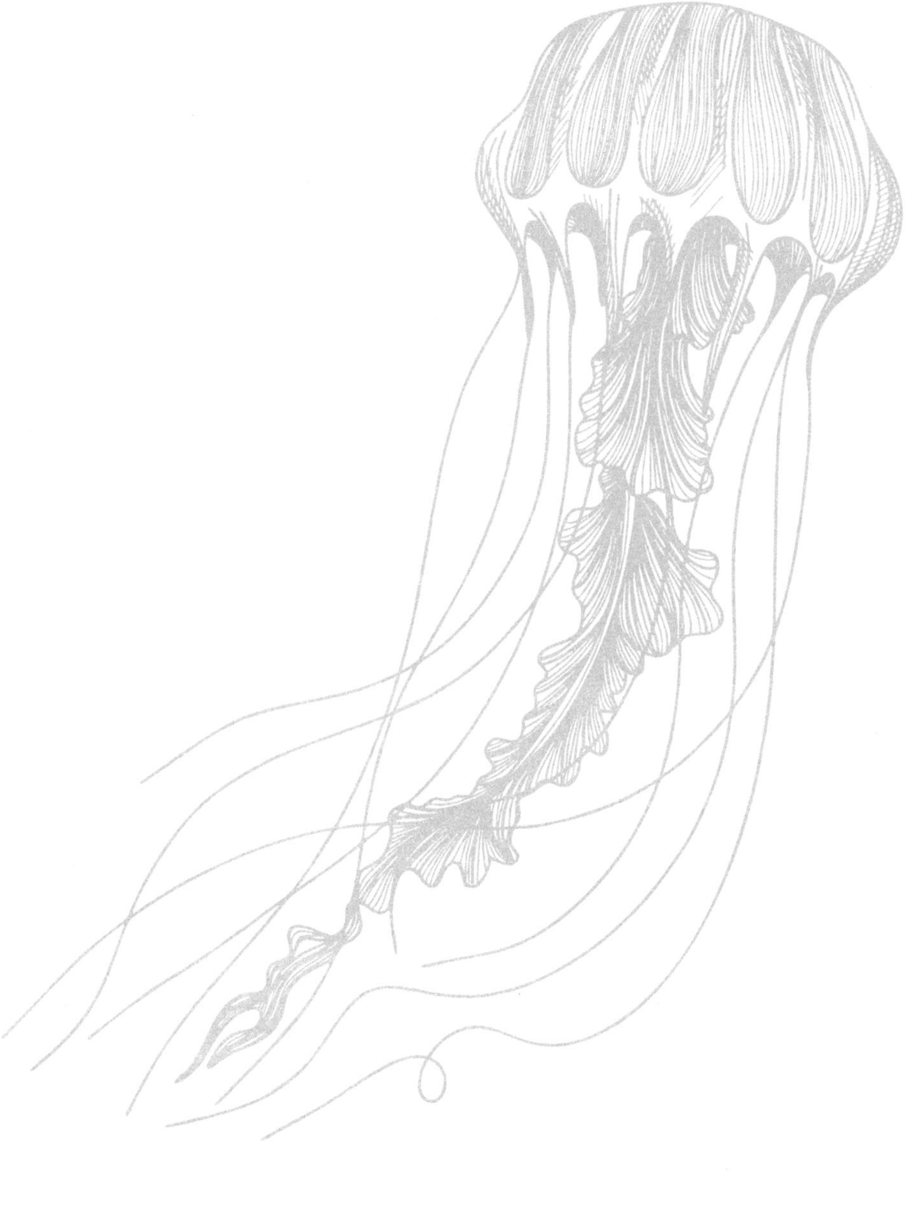

Capítulo 5

O que não mata...

Se você pegar o metrô na minha cidade natal, Copenhague, é provável que se depare com algum anúncio de um novo smoothie *repleto* de antioxidantes. Ou, então, suplementos dietéticos duvidosos vendidos por "influenciadores" e outros esquemas de pirâmide on-line. Mas a história de amor entre antioxidantes e suplementos de saúde teve início sob circunstâncias um pouco mais sérias.

Na década de 1950 — poucos anos depois do lançamento das primeiras bombas nucleares no Japão —, os cientistas viviam compreensivelmente preocupados com os efeitos da radioatividade no corpo humano. Como sempre, os camundongos tiveram que sofrer para que os humanos fossem poupados. Os cientistas descobriram que a exposição de camundongos a níveis altos, mas não letais, de radiação acelerava o processo de envelhecimento. Quando irradiados, os camundongos desenvolviam doenças relacionadas à idade mais cedo do que o normal e morriam mais cedo também.

Um dos motivos pelos quais a radioatividade prejudica os camundongos é que ela gera os chamados radicais livres nas células. São moléculas altamente reativas que danificam outras moléculas ao se chocarem com elas. É possível imaginar os radicais livres como um touro em uma loja de porcelana. Quando as células de qualquer animal são expostas à radioatividade, o touro entra em ação dentro delas. Os cientistas chamam o dano total causado pelo touro de "estresse oxidativo". Portanto, os camundongos que são expostos à radiação têm "alto estresse oxidativo".

É nesse ponto que os *antioxidantes* entram em cena. O "anti" se refere à capacidade de neutralizar os radicais livres, e podemos pensar nos antioxidantes como um sedativo para o nosso touro. Por causa disso, os pesquisadores da radiação descobriram que poderiam usar antioxidantes para proteger seus camundongos dos efeitos nocivos da radioatividade. Desse modo, concluíram que os antioxidantes ajudam os animais irradiados a viverem mais.

O interessante, porém, é que os radicais livres não surgem apenas em células irradiadas. Na verdade, eles são produzidos como um subproduto natural do nosso metabolismo, o que significa que suas células estão constantemente à mercê do touro furioso. Os cientistas entenderam isso e começaram a especular. E se os radicais livres não forem apenas a causa do envelhecimento *induzido por radiação*? E se eles também forem a causa do envelhecimento *normal*? Essa teoria é chamada de "teoria dos radicais livres do envelhecimento".

Em termos simples, a teoria postula que há uma espécie de pacto faustiano em nosso metabolismo: é ele que nos mantém vivos, mas também é o que garante nosso envelhecimento e morte, já que produz os radicais livres.

A teoria se baseia no fato de que os radicais livres obviamente causam danos, que os idosos têm níveis mais altos de estresse oxidativo do que os jovens e que o excesso de estresse oxidativo tem sido associado a todas as doenças relacionadas à idade. Mas, felizmente, a teoria também traz uma solução fácil: o uso de antioxidantes para domar o touro furioso.

Essa ideia já circula há muitas décadas e foi exaustivamente testada em ensaios clínicos.

Na verdade, ela foi tão testada que os pesquisadores podem fazer o que é conhecido como *metanálise*: um grande estudo que analisa os dados de vários estudos separados em um só.

Em uma dessas metanálises — composta por 68 estudos e 230 mil indivíduos —, os pesquisadores investigaram se os suplementos dietéticos com antioxidantes ajudam as pessoas a viverem mais.

A conclusão: as pessoas que tomam suplementos antioxidantes morrem *mais cedo*. Elas também não estão protegidas contra doenças relacionadas à idade. Na verdade, parece que os suplementos antioxidantes *promovem* o crescimento e a disseminação de determinados tipos de câncer, em vez de limitá-los.

* * *

No outono de 1991, oito cientistas foram trancados dentro de uma enorme estufa futurista em Oracle, no Arizona. A Biosfera 2, como o prédio é chamado, seria o lar dessas pessoas pelos dois anos seguintes. Sua missão: proverem-se de alimento, água, oxigênio e de todas as outras necessidades vitais sem qualquer ajuda externa.

Esse grande experimento foi realizado como um teste para descobrir se conseguimos criar um ecossistema completo a partir do zero. Na Terra, temos a sorte de já sermos parte de um ecossistema: a natureza nos fornece todas as necessidades vitais e, se a tratarmos de maneira adequada, ela poderá cuidar de nós por muito tempo. Entretanto, no dia em que alguns de nós deixarem a Terra para colonizar outros planetas, precisaremos estabelecer novos ecossistemas do zero para nos sustentar.

Como você deve saber, um dos componentes mais importantes dos ecossistemas da Terra são as árvores. Elas não apenas fornecem oxigênio, mas também servem de moradia para inúmeras espécies e podem ser usadas como material de construção, se necessário. Por esses motivos, os cientistas imaginaram as árvores como um pilar de seu novo ecossistema e plantaram muitas delas na Biosfera 2. As árvores vivem muito tempo, como já aprendemos; portanto, alguns anos lá dentro não devem ser um problema para elas, certo?

As árvores da Biosfera 2 começaram bem. Devido às condições favoráveis dentro da estufa gigante, elas cresceram rapidamente. Mas antes que o grande experimento terminasse, muitas das árvores já estavam mortas. O que faltava a elas? Não faltaram cuidado e proteção. Muito pelo contrário, na verdade. O que faltava às árvores da Biosfera 2 era o *estresse*. Mais especificamente, o estresse ao qual o vento em geral as submete.

Veja bem, embora o vento seja um dos piores inimigos de uma árvore, elas não podem viver sem ele. O ataque incansável do vento faz com que as árvores criem resistência e se fortaleçam. Se o vento for removido, as árvores ficarão tão fracas que acabarão tombando sob seu próprio peso.

Pense na história dos radicais livres e dos antioxidantes. Por que as pessoas morrem mais cedo quando tomam suplementos antioxidantes? Pelo mesmo motivo que as árvores morrem sem o vento. *O fator estresse mantém o organismo forte.*

Esse fenômeno biológico — tornar-se mais forte com a adversidade — é chamado de *hormese*. O exemplo mais comum entre os seres humanos é o exercício físico. Você pode pensar que o próprio ato de sair para correr é o fator saudável, por exemplo. Mas pense no que realmente acontece quando você está correndo. Suas frequência cardíaca e pressão arterial disparam. A cada passo, seus músculos e ossos são sobrecarregados e tensionados. E como o exercício requer energia, seu metabolismo dispara, *o que aumenta a produção de radicais livres*. Isso mesmo, o exercício provoca diretamente a produção de moléculas prejudiciais. No entanto, a longo prazo, o exercício o torna mais saudável. Isso se deve ao fato de que o esforço serve como uma mensagem. *Você precisa ficar mais forte.*

Ironicamente, alguns dos "mensageiros" que dão início a esse processo são os radicais livres. Isso quer dizer que os antioxidantes *interferem* nos processos de saúde e fortalecimento que os exercícios promovem. Apesar dos discursos de venda dos influenciadores fitness, os antioxidantes podem anular alguns dos benefícios que você obtém com seus exercícios.

Embora o exercício seja o exemplo mais conhecido de hormese, há muitos outros no mundo biológico. Na verdade, a hormese é uma parte fundamental da história da vida na Terra. Você pode contar com o fato de que seus ancestrais sofreram golpes atrás de golpes, incluindo períodos miseráveis de fome, trabalho árduo, envenenamento, brigas e fugas de predadores em situações de vida ou morte. A vida sempre foi desafiadora e, por essa razão, os desafios se tornaram uma necessidade para nós.

Um dos melhores exemplos da onipresença da hormese na natureza vem da pesquisa sobre arsênico, o tóxico elemento químico. O arsênico tem sido chamado de "rei dos venenos" e "veneno dos reis", pois é fácil de adquirir, não tem cheiro nem sabor e pode ser usado para matar uma pessoa. Por isso, sempre foi o favorito da realeza ambiciosa e de vários psicopatas em todo o mundo.

Nos últimos tempos, o arsênico infelizmente também se tornou um contaminante da água potável em várias partes do mundo, por isso os pesquisadores realizaram estudos para investigar como a toxina afeta os animais de laboratório.

Quando os pesquisadores dão altas quantidades de arsênico ao verme *C. elegans*, o veneno faz jus à sua reputação e age como um assassino infalível. Entretanto, se os vermes forem expostos a uma baixa dosagem fixa, eles vivem *mais* do que o normal. Ao mesmo tempo, eles também se tornam mais resistentes ao estresse térmico e a outras substâncias venenosas. Por quê? Hormese, é claro. Embora o arsênico seja venenoso, a dosagem baixa funciona como um fator de estresse que permite a sobrevivência e faz com que os vermes aumentem suas funções de defesa.

Outros pesquisadores conseguiram até mesmo prolongar a vida do *C. elegans* utilizando um *pró-oxidante*. Trata-se do oposto de um antioxidante, algo que *aumenta* o estresse oxidativo. Seria como estimular nosso touro metafórico em uma loja de porcelana com pílulas de cafeína dando em seguida uma palmada em seu traseiro. No experimento, os pesquisadores descobriram que podiam aumentar de forma confiável a expectativa de vida do *C. elegans* usando o herbicida pró-oxidante paraquat. No entanto, se eles também fornecessem antioxidantes aos vermes, o dano seria neutralizado e os vermes não viveriam mais do que o normal.

Sei que parece loucura que o "rei dos venenos", ou um herbicida poderoso, possa ser benéfico de alguma forma para um organismo. Mas seja bem-vindo ao mundo da biologia.

É evidente que não há ensaios clínicos em que os seres humanos tomam arsênico, herbicidas ou outras substâncias nocivas de modo intencional. Mas existem paralelos no mundo real que mostram a hormese também em humanos.

Temos como exemplo um acidente ocorrido em Taiwan na década de 1980. Naquela época, Taiwan atravessava um boom econômico de proporções épicas. Como um dos Quatro Tigres Asiáticos, sua capital, Taipei, vivia um salto na construção civil como nunca antes. E, nesse fervor, parte do aço produzido foi contaminado com o Cobalto-60 radioativo. Esse aço foi utilizado mais tarde na construção de mais de 1.700 apartamentos, mas ninguém havia percebido até a década de 1990 — e, naquela altura, já era tarde demais.

Estima-se que cerca de 10 mil pessoas viviam nos apartamentos radioativos antes de eles serem demolidos. Elas eram expostas a uma radioatividade diária muito acima dos níveis normais. Isso era motivo de preocupação, pois a radiação é conhecida por danificar o DNA, o que pode levar ao câncer. No entanto, os médicos ficaram perplexos ao examinar o histórico médico dos moradores. Acontece que o grupo de residentes dos apartamentos apresentava uma *menor* incidência de praticamente todos os tipos de câncer se comparados aos demais taiwaneses.

Esse fenômeno também foi observado em outros lugares. Entre os trabalhadores nos estaleiros norte-americanos, aqueles que trabalham com submarinos nucleares têm uma taxa de mortalidade menor do que os que trabalham em estaleiros normais. Entre a população geral dos Estados Unidos, aqueles que vivem em áreas com radiação de fundo mais alta do que o normal vivem mais do que a média. Por fim, entre os médicos, os radiologistas — que são expostos à radiação ionizante — vivem mais do que os outros médicos e têm um risco menor de câncer.

Quero deixar bem claro que *não* recomendo que você se exponha à radiação ou ingira toxinas diversas. Isso seria um desperdício de bons genes. Não temos ideia de quais níveis podem ser potencialmente horméticos, mas sabemos o que acontece se você exceder esses níveis: dor e uma morte horrível. Veja bem, a hormese tem tudo a ver com a dose. É mais saudável desafiar seu corpo correndo do que nunca se exercitar. Mas você também pode se exercitar *demais*, o que é chamado de síndrome do supertreinamento. Da mesma forma, as árvores ficam mais fortes quando expostas ao vento. Mas se o vento ficar *forte demais*, ele derrubará a árvore ou vai parti-la ao meio. Só nos beneficiamos de um fator de estresse se o dano resultante não exceder a nossa capacidade de reparo.

Também é importante lembrar que nem tudo que é prejudicial ou estressante é necessariamente hormético. Você não ficará mais inteligente batendo a cabeça contra a parede nem vai melhorar sua função pulmonar fumando, por exemplo. Os fatores de estresse aos quais reagimos de forma positiva são principalmente aqueles que nos fizeram evoluir para resistir.

⋆ ⋆ ⋆

Além dos exercícios, um dos melhores lugares para encontrar a hormese é na nossa alimentação. E não é porque as pizzas ou os donuts são secretamente saudáveis se você conseguir encontrar a dose certa. Não, o lugar certo para procurarmos as substâncias horméticas são as plantas que comemos.

Como muitos outros seres vivos, as plantas preferem viver a serem comidas. O que é um pouco mais difícil quando não se consegue fugir daqueles que estão tentando devorar você. Isso faz com que as plantas tenham uma única opção de sobrevivência: lutar. Algumas plantas fazem isso por meio de espinhos intimidadores, cascas duras como metal ou agulhas que espetam. Mas o que a maioria das plantas tem em comum é o fato de também travar guerras químicas contra seus inimigos. E nós estamos na lista delas.

Hoje em dia, pode ser fácil manter uma dieta baseada em vegetais, mas na Idade da Pedra era preciso saber o que se estava fazendo. Uma enorme quantidade de plantas é venenosa de uma forma ou de outra. As amêndoas silvestres, por exemplo, contêm cianeto, uma das substâncias químicas mais tóxicas que conhecemos. E os cajus crus contêm a mesma substância tóxica da hera venenosa (que é neutralizada quando eles chegam ao supermercado, portanto não se preocupe).

Mesmo as plantas que não são tóxicas para nós (e que comemos com regularidade) são muitas vezes tóxicas para outros animais. Basta pensar no chocolate e em outros produtos derivados do cacau, que são tóxicos para cães e gatos. E a maioria das plantas que comemos ainda tem dentro de si algum espírito de luta. O abacaxi, por exemplo: você já sentiu um certo formigamento na boca ou na língua depois de comer um abacaxi? Se já aconteceu, há um bom motivo: o abacaxi contém enzimas que quebram as proteínas. Elas podem ser usadas para amaciar a carne, o que não é algo tão agradável quando você *é* a carne. Assim que você come o abacaxi, suas enzimas começam a digerir você quebrando as proteínas na sua boca. Nós somos grandes demais para que isso seja um empecilho, mas se trata de uma arma poderosa contra animais menores.

Outro bom exemplo é a pimenta. As pimentas contêm um composto chamado capsaicina, que é o que faz sua boca arder quando você as come. Quando um mamífero come a pimenta malagueta, suas sementes são esmagadas e a capsaicina é liberada. Isso vai garantir que o mamífero não volte a comer pimentas tão cedo. Os pássaros, por outro lado, engolem as sementes inteiras, sentem-se bem e podem espalhar a planta por toda parte. É um sistema evolutivo inteligente.

O fato de as plantas não estarem dispostas a serem comidas de forma passiva tem sido ignorado com frequência quando se discute seus benefícios para a saúde. Temos provas contundentes de que incluir muitos vegetais em nossa dieta é saudável. Mas os cientistas ainda estão discutindo o porquê. Existem, é claro, inúmeras razões, mas a hormese é certamente uma delas. Por exemplo, há muito tempo os compostos chamados polifenóis são reconhecidos como um dos principais motivos que tornam os vegetais saudáveis. Antigamente, pensava-se que isso se devia ao fato de os polifenóis nos beneficiarem de alguma forma — talvez por serem antioxidantes? Mas a verdade é que muitos polifenóis são um tanto tóxicos para nós e funcionam por hormese. Os estudos demonstram que nossos corpos reagem aos polifenóis tentando neutralizá-los e eliminá-los, e isso é feito por meio do aumento da expressão de um gene chamado Nrf2, que controla uma ampla gama de mecanismos de defesa celular. Esse gene também aumenta sua expressão após sofrer radiação.

Hormese em animais

Os pássaros de vida longa não sofrem menos estresse oxidativo do que os de vida curta, e os ratos-toupeira-pelados sofrem tanto estresse oxidativo quanto seus primos de vida mais curta, os camundongos. Em geral, os ratos-toupeira-pelados parecem viver por muito tempo não porque estão livres de estresse, mas sim porque são maravilhosamente equipados para lidar com os fatores estressantes. Seja na exposição a substâncias químicas prejudiciais ao DNA, baixos níveis de oxigênio, ingestão de metais pesados ou exposição ao calor extremo, os ratos-toupeira-pelados se saem muito melhor do que os camundongos. Parece que o segredo para uma vida longa não é viver sem momentos difíceis, mas ser capaz de resistir aos golpes.

Você pode considerar o hábito de comer muitas plantas uma alternativa melhor e mais segura do que ingerir toxinas. Que tal, então, uma alternativa melhor e mais segura do que ir morar em um apartamento radioativo? Uma ideia seria ir para o alto das montanhas. A atmosfera é mais rarefeita em grandes altitudes, o que significa que você vai estar menos protegido dos raios UV do sol e também mais exposto à radiação cósmica. Isso eu posso atestar na condição de um pálido habitante de um dos países mais planos do mundo que teve a maior queimadura de sol da vida a uma altitude de cinco quilômetros.

Talvez isso já não seja uma surpresa; mas, apesar da radiação e das condições adversas — ou por causa delas —, as pessoas que habitam grandes altitudes tendem a viver mais e a ter menos doenças relacionadas à idade do que aquelas que vivem no nível do mar. Isso foi observado na Áustria, na Suíça, na Grécia e na Califórnia.

Em altitudes mais elevadas, os níveis de oxigênio são mais baixos do que no nível do mar, e isso também pode desempenhar um papel estressor benéfico à saúde. Uma das reações das células à exposição radioativa e aos baixos níveis de oxigênio é a produção de algo chamado proteínas de choque térmico. Como o nome sugere, essas proteínas foram originalmente descobertas associadas ao calor intenso, mas revelaram-se como parte de um conjunto mais amplo de mecanismos de proteção celular. Assim como vimos antes, isso ilustra que a hormese muitas vezes tem um longo alcance. A resposta a um estressor tende a melhorar a resiliência contra outros estressores também.

Você pode pensar nas proteínas de choque térmico como uma espécie de super-herói proteico que ajuda outras proteínas. Quando as células são danificadas por algum tipo de estressor, muitas proteínas acabam adotando a forma errada. Mas as proteínas de choque térmico as ajudam a recuperar suas forma e função para que não se transformem em lixo celular.

É interessante notar que o que dá nome às proteínas de choque térmico, o choque térmico, não se restringe a animais de laboratório. Ele é também parte integrante da cultura nórdica na forma de sauna. A terra natal da sauna, a Finlândia, nos brindou com muito mais estudos sobre sauna do que poderíamos desejar. E, nesses estudos, o uso da sauna tende a se correlacionar a vários benefícios para a saúde — um risco menor de doenças cardiovasculares e uma vida mais longa, por exemplo. As proteínas de choque térmico provavelmente desempenham uma função nesses benefícios à saúde, mas também há outros efeitos positivos do uso da sauna, como a redução da pressão arterial. (No entanto, quando se trata de sauna, há um pequeno "porém" a ser considerado: os homens que desejam poder ter filhos não devem passar muito tempo lá, pelo mesmo motivo que pode ser má ideia passar longos períodos em banheiras de hidromassagem ou sentar-se com um laptop no colo.)

Além da exposição ao calor, outra parte integrante da cultura nórdica é a exposição ao frio na forma de natação no inverno. Na verdade, as duas atividades são frequentemente realizadas de uma só vez, com mergulhos congelantes intercalados com sessões de sauna. Não temos a mesma quantidade de dados sobre os benefícios da exposição ao frio que temos sobre o uso da sauna. Mas é fácil imaginar que a exposição ao frio também possa trazer benefícios de longo prazo para a saúde. Por um lado, ela ativa algo chamado "gordura marrom", que funciona de maneira oposta à gordura normal. Ela serve para *queimar* energia, não para armazená-la, e, ao fazer isso, nos aquece. E, curiosamente, muitas espécies de vida longa apresentam uma maior atividade no tecido adiposo marrom. Estando comprovado ou não, os nadadores radicais de inverno que conheço acreditam nesse efeito. Eles percebem um aumento na energia, passam menos tempo doentes e relatam uma sensação geral de bem-estar. Depois de nadar, é claro.

Capítulo 6

Tamanho é documento?

O ano de 1492 foi um dos mais agitados na região que hoje é a Espanha. Dois dias após o início do novo ano, o emir muçulmano de Granada se rendeu ao rei católico Fernando de Aragão e à rainha Isabel de Castela. A rendição encerrou um processo histórico de muitos séculos conhecido como Reconquista, na qual os reinos católicos do norte aos poucos recuperaram sua terra natal dos conquistadores muçulmanos.

Duas semanas após a batalha decisiva, os dois monarcas se reuniram com um mercador de Gênova, na atual Itália. Durante anos, esse mercador, Cristóvão Colombo, pedia que eles apoiassem sua ideia: encontrar uma rota marítima para a Ásia navegando para o *oeste*. Em troca de seu apoio e financiamento, ele prometeu que a nova rota traria aos monarcas e seus reinos uma enorme riqueza.

Não sabemos o motivo — talvez fosse o otimismo da vitória — mas, naquele ano, os monarcas concordaram em financiar a viagem de Colombo. Em pouco tempo, três navios espanhóis zarparam rumo a oeste cruzando o Atlântico. Após uma longa jornada, eles desembarcaram no continente americano como os primeiros europeus desde os vikings.

Enquanto isso, o rei Fernando e a rainha Isabel também se mantinham bastante ocupados em casa. Após séculos de conflitos religiosos e territoriais em sua península, eles queriam que seus novos reinos fossem totalmente cristãos. No que foi chamado de Decreto de Alhambra, os judeus espanhóis receberam um ultimato: converter-se ao cristianismo ou deixar o país. Alguns escolheram seu lar em vez de sua fé e foram convertidos, ou tornaram-se *conversos*. Os demais escolheram o oposto e se aventuraram em busca de um novo lar.

No ano seguinte, Colombo e sua tripulação retornaram das Américas. Inicialmente, eles pensaram que estiveram na Ásia, mas, com o tempo, ficou claro que os espanhóis haviam chegado a um continente desconhecido para os europeus na época. Logo, a colonização espanhola das Américas estava em curso. Espanhóis de todas as classes — fazendeiros, criminosos, famílias, padres, soldados, nobres e prostitutas — partiram em direção ao novo continente. Entre esses emigrantes, também havia *conversos*, descendentes dos judeus convertidos. Apesar da conversão ao cristianismo, eles ainda eram discriminados na Espanha e esperavam se tornar livres no Novo Mundo.

* * *

Em 1958, o médico israelense Zvi Laron e seus colegas começaram a estudar um grupo especial de pacientes. Todos eles tinham nanismo, embora não da maneira que você possa imaginar. Claro, os pacientes de Laron eram baixos, com cerca de 1,20 metro de altura. Mas eles não tinham as proporções corporais associadas à forma mais comum de nanismo, como membros curtos e tronco e cabeça proporcionalmente maiores. Os pacientes pareciam versões reduzidas de pessoas que não sofrem desta condição.

Laron e seus colegas passaram oito anos investigando cuidadosamente a causa dessa nova síndrome antes de compartilharem seus resultados. Ficara evidente que os pacientes com a síndrome de Laron, como agora é chamada, são baixos devido a uma mutação genética que envolve o hormônio do crescimento. No entanto, o defeito não é encontrado no hormônio em si. Na verdade, os pacientes com essa síndrome têm uma boa quantidade de hormônio do crescimento no sangue. A razão pela qual eles não crescem mais é um defeito no *receptor* do hormônio do crescimento. Ou seja, o receptor é o verdadeiro responsável pela detecção e pela resposta da célula ao hormônio do crescimento. Você pode entender o mecanismo por meio de uma analogia. Imagine a célula como um castelo governado por um nobre poderoso, mas paranoico. O nobre não permite a entrada de forasteiros; portanto, se alguém quiser entrar em contato com ele, terá de gritar sua mensagem para os guardas na torre do castelo. Em circunstâncias normais, os guardas irão até o nobre e lerão a mensagem para que ele possa dar suas ordens. Mas se os guardas forem surdos, eles não ouvirão a mensagem, não importa o quão alto os forasteiros tentem gritar com eles. E por isso o nobre nunca vai recebê-la ou respondê-la.

De forma semelhante, o sinal do hormônio do crescimento nunca chega às células dos pacientes com a síndrome de Laron. Seus receptores defeituosos do hormônio do crescimento indicam que esse hormônio pode circular no sangue em altas concentrações sem nunca induzir o crescimento.

⋆ ⋆ ⋆

Quase 500 anos depois de os espanhóis terem pisado pela primeira vez nas Américas, um médico recém-formado no Equador refletia sobre um mistério de sua infância. Jaime Guevara-Aguirre, como é chamado, lembrava-se de ter conhecido uma quantidade inusitada de pessoas com nanismo enquanto crescia. Com seu recém-adquirido diploma de medicina em mãos, ele estava pronto para descobrir o motivo. A busca levou Guevara-Aguirre de volta à sua região natal na montanhosa cidade de Loja. Lá, ele precisou viajar a cavalo para chegar a seu destino escolhido: alguns vilarejos remotos nas profundezas das montanhas. Mas o esforço valeu a pena e, exatamente como lembrava, Guevara-Aguirre encontrou várias pessoas que pareciam versões em miniatura de seus parentes.

A explicação era que todas essas pessoas tinham a síndrome de Laron. Sem saber, elas eram parentes distantes dos pacientes de Zvi Laron em Israel. É que os equatorianos com a síndrome de Laron são em parte descendentes dos judeus espanhóis que se converteram ao cristianismo e mais tarde participaram da colonização das Américas. Os pacientes de Zvi Laron em Israel, por outro lado, são descendentes dos judeus espanhóis que escolheram o oposto e deixaram a Espanha para manter sua religião. Embora os caminhos sinuosos da história tenham afastado os dois grupos, a descoberta de Laron os uniu novamente. Agora sabemos que um de seus ancestrais deve ter tido uma mutação no receptor do hormônio do crescimento. Mas, para realmente ter a síndrome de Laron, não basta herdar uma única versão defeituosa do receptor do hormônio do crescimento. Caso isso aconteça, ainda existiria uma versão funcional vinda do outro genitor e a pessoa afetada seria apenas alguns centímetros mais baixa do que o normal. Mas se ela herdar os receptores do hormônio do crescimento defeituosos de pai *e* mãe, essa pessoa não terá nenhum receptor funcional. *Só então* ela teria a síndrome de Laron. Esse é o motivo pelo qual a síndrome é rara em Israel atualmente. É improvável que duas pessoas carreguem a mutação e a transmitam para a mesma criança. Entretanto, nos vilarejos remotos da província de Loja, a síndrome de Laron é muito mais comum. O motivo é o mesmo que vimos entre os Amish de Berna. A região é isolada e foi originalmente colonizada por um pequeno grupo de pessoas. Posteriormente, a população cresceu a partir dessas poucas pessoas, que se casavam entre si ao longo de gerações e aumentavam o grupo.

Assim, Jaime Guevara-Aguirre havia encontrado o local perfeito para estudar a síndrome de Laron. Ele não perdeu tempo e logo fez uma descoberta notável. Havia ficado claro que as pessoas com a síndrome de Laron quase nunca têm câncer. Durante todo o tempo em que essas pessoas foram estudadas, apenas um caso da doença foi observado. O câncer é caracterizado pelo crescimento excessivo (de um tumor); portanto, parece razoável que a falta de sinais de crescimento seria protetora. Entretanto, na verdade, os indivíduos com a síndrome de Laron também não têm outras doenças relacionadas à idade. Eles são protegidos contra doenças cardiovasculares, demência e diabetes. E mais, eles nem mesmo têm acne. E tudo isso acontece apesar de muitas pessoas com a síndrome de Laron no Equador estarem acima do peso e manterem dietas ricas em alimentos processados. É como se a mutação Laron as protegesse de doenças, mesmo diante de maus hábitos.

* * *

Em um esforço para estudar a síndrome de Laron, os pesquisadores criaram camundongos com receptores do hormônio do crescimento também deficientes. Assim como seus equivalentes humanos, esses roedores são muito menores do que a média, mas têm proporções normais. E, assim como os humanos com a síndrome de Laron, os camundongos Laron também são notavelmente saudáveis. Na verdade, eles vivem muito mais do que os camundongos normais. Vários estudos confirmaram que sua expectativa de vida é de 16 a 55% mais longa do que o normal. Caso você se lembre de nossa regra sobre tamanho e tempo de vida, isso não deve ser surpresa. As espécies de animais grandes geralmente vivem mais do que as pequenas; mas, dentro de cada espécie, os menores indivíduos tendem a viver mais tempo. E os camundongos Laron são os menores camundongos possíveis. Outro candidato seria o camundongo anão Ames, o qual já mencionei brevemente. Como o nome sugere, esses camundongos também são minúsculos e, na prática, detêm o recorde de tempo de vida da espécie entre os camundongos. No entanto, os camundongos anões Ames são pequenos por um motivo semelhante ao dos camundongos Laron. Eles têm um defeito na glândula pituitária logo abaixo do cérebro, o que significa que não produzem o hormônio do crescimento.

E quanto aos seres humanos? Se os indivíduos menores tendem a viver mais tempo no reino animal, isso quer dizer que as pessoas altas devem se preocupar? Bem, a francesa Jeanne Calment detém o recorde mundial de maior longevidade: 122 anos e 164 dias. Essa é uma característica incomum de Calment; a outra é que ela tinha apenas 150 centímetros de altura. Logo abaixo dela na lista de recordes de longevidade, está a norte-americana Sarah Knauss, que tinha 140 centímetros de altura, e mais abaixo estão Marie-Louise Meilleur, que tinha a mesma altura de Calment, e Emma Morano, que tinha 152 centímetros de altura. Para ser justo, todas essas mulheres nasceram em uma época em que as pessoas eram geralmente mais baixas do que somos hoje. Mas, ao conhecer as pessoas mais longevas, você logo se dará conta de que elas formariam um time de basquete péssimo — mesmo em sua própria época.

Se ampliarmos nosso recorte para um escopo populacional, a associação entre altura e longevidade permanece a mesma. Por exemplo: lembra como aprendemos que os europeus do norte tendem a morrer mais cedo do que os europeus do sul e os asiáticos do leste, apesar de os países do norte da Europa serem mais ricos? Bem, os europeus do norte também são mais altos do que os europeus do sul e os asiáticos do leste, então talvez isso sirva de explicação.

Outro exemplo é o que os sociólogos norte-americanos costumavam apontar algo que é chamado de Paradoxo Hispânico. Isto é, os norte-americanos hispânicos tendem a viver mais do que os brancos, embora os últimos em tese "devessem" viver mais: eles são mais ricos, mais instruídos e têm taxas de obesidade ligeiramente menores. Apesar disso, os hispano-americanos são mais baixos.

Um terceiro exemplo são as Zonas Azuis. Há Okinawa, que está entre os municípios com as estaturas mais baixas do Japão, um país cujos habitantes já estão entre os mais baixos do mundo desenvolvido. E há a Sardenha, que é uma das regiões com as estaturas mais baixas da Europa. A altura média dos homens na Sardenha é de 168 centímetros, vários a menos do que a média italiana e 15 a menos do que as populações mais altas da Europa. Sabe-se que a estatura na Sardenha vem da genética e, curiosamente, um dos culpados é a mutação Laron, que é transmitida por 0,87% dos sardos. Essa é uma das frequências mais altas da mutação no mundo, embora obviamente mais baixa que a dos equatorianos da cidade de Loja.

Agora, isso não quer dizer que seu destino é morrer cedo por ser uma pessoa alta. Ou o contrário, que você pode contar com a sua baixa estatura para viver mais. Tudo isso são *médias*. Há muitas pessoas baixas que morrem cedo e muitas pessoas altas que têm uma vida longa e saudável. Mas, *em média*, certamente existe alguma coisa na relação entre tamanho e tempo de vida. E essa relação pode nos ensinar algo sobre o envelhecimento.

* * *

Obviamente, não é a altura em si que envelhece as pessoas. Se pressionássemos você na vertical com muita força para torná-lo mais baixo, não passaria a viver mais de uma hora para outra — é provável que acontecesse o contrário. Então, o que faz com que as pessoas baixas vivam mais do que as altas? Por um lado, as pessoas grandes têm mais células do que as pequenas. Isso significa que elas têm mais células que podem se tornar cancerosas e, com isso, apresentam um risco ligeiramente maior de desenvolver um câncer. Porém, esse fator nem de longe é o bastante para explicar esse fenômeno. Na verdade, a explicação mais provável é que a altura é um indicativo de como você responde aos sinais de crescimento. Sendo assim, a altura pode significar que você tem sinais de crescimento mais fortes do que outras pessoas, ou que é mais sensível a eles.

Portanto, para descobrir os segredos de uma vida longa, é preciso mergulhar de cabeça na imprevisível jornada que é a sinalização de crescimento. Como visto nos camundongos anões de Ames, nossa jornada começa logo abaixo do cérebro, na glândula pituitária. Essa glândula libera o hormônio do crescimento; mas, apesar do nome, o hormônio do crescimento não é realmente responsável pelo crescimento — pelo menos não diretamente. Em vez disso, o hormônio do crescimento viaja até o fígado, onde se liga aos seus receptores. Essa ligação faz com que o fígado produza um *outro* hormônio, que é chamado de IGF-1 (fator de crescimento semelhante à insulina tipo 1), e é o IGF-1 que realmente faz as coisas crescerem. Isso significa que a síndrome de Laron pode ser tratada com IGF-1 sintético, e não com o hormônio do crescimento.

Portanto, o IGF-1 nos leva um passo adiante nessa imprevisível jornada. É possível verificar se estamos indo na direção correta ao observar os organismos de laboratório. Os camundongos anões de vida longa de que falamos antes têm baixos níveis de IGF-1. Ao mesmo tempo, uma das melhores maneiras de prolongar a vida do verme *C. elegans* é inibir a versão do IGF-1 que o verme possui. Além disso, temos a evidência humana dos pacientes de Laron. Infelizmente, essas pessoas têm uma alta taxa de mortes acidentais devido ao seu pequeno tamanho, por isso não sabemos realmente se elas viveriam mais do que as outras. Entretanto, como elas estão protegidas contra doenças relacionadas à idade, não seria nenhuma surpresa.

É evidente que nada garante que você trocaria sua altura por uma vida mais longa; acho que isso depende de quais são suas prioridades. Mas o bloqueio do IGF-1 ainda pode ser útil. As doenças relacionadas à idade ocorrem em idade muito mais avançada do que o crescimento, por isso é possível bloquear o IGF-1 na velhice e obter tanto nossa estatura normal quanto a diminuição do risco de câncer e outras doenças relacionadas à idade. E talvez até mesmo uma vida mais longa.

Ironicamente, o hormônio do crescimento — e, por extensão, o IGF-1 criado por ele — é tido como uma espécie de cura "antienvelhecimento" desde a década de 1980. Veja, o hormônio do crescimento tem sido usado como um "suplemento" popular entre os fisiculturistas desde sua descoberta porque promove o crescimento muscular. Mas alguns fisiculturistas mais velhos descobriram que as injeções faziam muito mais do que isso. O hormônio do crescimento também fazia com que eles se sentissem jovens e cheios de energia — e assim nasceu a ideia de usar o hormônio do crescimento para combater o envelhecimento.

Antes de criticarmos a ironia, é importante se lembrar de que as sensações de juventude e de energia têm seu valor intrínseco. Mas, para além disso, os defensores do hormônio do crescimento *têm* razão sobre algumas coisas. O IGF-1 definitivamente tem seus aspectos positivos, mesmo quando se trata de envelhecimento. Ele promove o crescimento dos músculos e dos ossos, o que é benéfico na velhice. É claro que não é saudável parecer o He-Man na vida real, mas manter as forças muscular e óssea na velhice é importante. Além disso, o IGF-1 estimula a função imunológica, o que também é algo que desejamos, já que nosso sistema imunológico tende a se enfraquecer e perder força com a idade. Isso não é bom para o combate às infecções e ao câncer.

Portanto, é evidente que a coisa vai um pouco além do simples "IGF-1 = ruim". O problema é que o IGF-1 é um daqueles hormônios de uso geral, com inúmeras outras funções. Nossos corpos gostam muito de se reciclar dessa forma. Por exemplo, o hormônio oxitocina está envolvido na formação de laços entre as pessoas, mas também é usado em hospitais na indução do parto porque faz com que os músculos do útero se contraiam.

Como o IGF-1 tem tantas funções, precisamos ser capazes de diferenciá-las antes de saber quais delas promovem o envelhecimento. Alguns pesquisadores tentaram fazer isso em um inteligente estudo com o *C. elegans*. Eles descobriram que o bloqueio do IGF-1 é útil apenas no sistema nervoso dos vermes. Se o bloqueio é feito no tecido muscular, os vermes morrem *mais cedo* do que o normal. Portanto, tudo indica que bloquear totalmente o IGF-1 não é a melhor ideia. Talvez, no futuro, os pesquisadores consigam criar terapias que tenham como alvo o IGF-1 no local e no momento certos para que ele seja de fato rejuvenescedor. Mas, considerando os sinais contraditórios que temos aqui, trata-se de um alvo difícil para experimentos. Em vez disso, devemos seguir em nossa imprevisível jornada.

Capítulo 7

Os segredos da ilha de Páscoa

Imagine-se olhando para o oceano de uma ilha pequena e remota. Logo abaixo, as ondas batem ritmicamente contra as rochas. Se você se virar, será saudado por uma paisagem rochosa dourada com grama crescendo em trechos esporádicos. Não há árvores. Em vez delas, a paisagem é dominada por enormes esculturas de pedra que vigiam a ilha como se estivessem protegendo seus habitantes.

O isolamento é palpável: a ilha habitada mais próxima fica a quase 2 mil quilômetros de distância, e o continente está ainda mais longe. Você está na ilha de Páscoa, onde 8 mil habitantes vivem cercados pelo oceano Pacífico até o ponto que a vista alcança. Essa ilha isolada pode não ser o lugar mais óbvio para nossa busca. Não há universidades ou laboratórios biomédicos, e os poucos cientistas por perto estão interessados em especial nas esculturas de pedra chamadas *Moai*. Segundo os mitos, essas enormes pessoas de pedra têm poderes sobrenaturais capazes de realizar qualquer desejo. Talvez alguém ali tenha pedido uma vida mais longa, já que um dos ingredientes para isso está escondido no próprio solo da ilha de Páscoa.

Conhecemos esse segredo porque uma expedição de pesquisa canadense viajou até essa ilha isolada na década de 1960 para examinar o solo. Os canadenses ficaram intrigados com o fato de os habitantes da ilha nunca contraírem tétano, embora andassem descalços. O tétano é causado por uma infecção bacteriana e na maioria das vezes está associado a pisar em algo pontiagudo ou a cortar a pele. A bactéria envolvida libera uma toxina na corrente sanguínea que faz com que todos os músculos se enrijeçam a ponto de ser extremamente doloroso, paralisante e até mesmo mortal.

Usando amostras de solo da ilha de Páscoa, os pesquisadores canadenses confirmaram que não havia nenhuma bactéria do tétano. Depois disso, suas amostras de solo poderiam facilmente ter sido jogadas fora ou esquecidas no fundo de algum freezer escuro da universidade. Mas elas foram parar na empresa farmacêutica Ayerst Pharmaceutical, onde seu verdadeiro segredo foi revelado: uma bactéria chamada *Streptomyces hygroscopicus*. Essa bactéria produz uma molécula especial, batizada de "rapamicina" em homenagem ao nome indígena da ilha de Páscoa: Rapa Nui.

A rapamicina é, na verdade, uma arma usada por essa bactéria na antiga batalha contra os fungos. A molécula bloqueia, ou inibe, um complexo proteico específico em fungos chamado mTOR. Infelizmente, o mTOR não tem esse nome em homenagem ao deus do Trovão e significa apenas "alvo mecanístico da rapamicina" — *mechanistic target of rapamycin* em inglês. No entanto, apesar do nome enfadonho, o mTOR é bem poderoso. Ele age como uma espécie de comando central na célula que controla o crescimento. Portanto, a bactéria tem uma arma engenhosa à sua disposição. A rapamicina reduz o crescimento de seu inimigo, os fungos, e isso dá à bactéria uma vantagem na luta por recursos.

Você e eu não somos muito parecidos com os fungos, mas eles são, na verdade, um parente distante. Isso significa que compartilhamos muitas proteínas com eles, entre elas as que compõem o mTOR. Na verdade, o mTOR é o próximo passo na imprevisível jornada da sinalização do crescimento. Primeiro, nós tínhamos o hormônio do crescimento — se ele for inibido, a vida será prolongada. Depois, chegamos ao IGF-1 — mais uma vez, se ele for inibido, a vida será prolongada. E agora temos o mTOR. Quando o IGF-1 se liga aos receptores celulares, uma das principais consequências é a ativação do complexo mTOR. Isso significa que o mTOR "acorda" e pode, por sua vez, iniciar muitos processos relacionados ao crescimento da célula. Como, por exemplo, a produção de novas proteínas e a absorção de nutrientes. Nesse sentido, mesmo que nossa versão do mTOR não seja idêntica à dos fungos, a rapamicina ainda funciona da mesma forma. Então talvez você já saiba onde quero chegar. Quando os cientistas dão rapamicina a animais de laboratório, ela inibe o mTOR, que promove o crescimento, e, como resultado, suas vidas são prolongadas. De fato, os camundongos que tomam rapamicina vivem 20% a mais do que o esperado. Uma extensão de vida bastante significativa para um medicamento. Se transferíssemos essa diferença de 20% diretamente para os seres humanos, essa seria a diferença entre eu morrer ainda no jardim de infância e permanecer vivo para escrever este livro que você lê.

* * *

Na verdade, a rapamicina já é aprovada para uso em seres humanos. A razão pela qual ainda não estamos todos usando esse medicamento para combater o envelhecimento é que ele foi desenvolvido para uma finalidade completamente diferente. Os pesquisadores da Ayerst Pharmaceutical não sabiam nada sobre seus efeitos no envelhecimento, mas descobriram que ela pode ser útil em processos de transplantes de órgãos. Em altas doses, a rapamicina inibe o sistema imunológico, o que ajuda a reduzir o risco de que as células imunológicas reconheçam o novo órgão como um corpo estranho e o ataquem, o que teria consequências mortais.

A boa notícia é que isso significa que a rapamicina já vem sendo usada há muitos anos e temos dados de segurança abundantes. Sabemos que não há efeitos colaterais absurdos, como danos cerebrais ou consequências explosivas. Mas, dito isso, a rapamicina nas doses usadas para transplantes de órgãos é agressiva para o corpo e provavelmente não seria benéfica. Enfraquecer o sistema imunológico não é uma boa ideia para se ter uma vida longa. Os pacientes transplantados que usam altas doses de rapamicina correm um risco maior de contrair infecções e, como o sistema imunológico passa a lutar de mãos atadas, as infecções também tendem a se tornar mais graves.

No entanto, doses mais baixas de rapamicina são mais promissoras. Os estudos mostram que dosagens menores podem até *melhorar* a função imunológica, talvez devido à hormese. Apesar disso, não sabemos se doses baixas de rapamicina são capazes de prolongar a vida em humanos. Ainda. Nesse exato momento, várias empresas e grupos de pesquisa estão trabalhando em várias frentes para descobrir isso. A maioria está tentando otimizar a rapamicina de alguma forma, aperfeiçoando o efeito, otimizando a dosagem ou trabalhando para limitar os efeitos colaterais, por exemplo. Tudo isso é feito com o objetivo de tornar a rapamicina o primeiro medicamento antienvelhecimento amplamente utilizado. Se todo esse esforço valerá a pena, só o tempo dirá. Mas, além das empresas e dos grupos de pesquisa, já existem várias pessoas que se valem da autoexperimentação com a rapamicina na tentativa de combater o envelhecimento. Os relatos pessoais na internet são positivos, mas é provável que nem ouviríamos falar deles caso não fossem. A menos que você seja um pouco louco, a rapamicina é, por enquanto, uma espécie de passe "Hail Mary", a longa e arriscada jogada de última hora no futebol americano que só é útil em momentos de desespero. Em vez disso, devemos continuar seguindo em nossa imprevisível jornada.

Cachorros deveriam viver para sempre

A coisa mais triste relacionada aos nossos melhores amigos é que eles não vivem muito tempo. Se estamos tentando prolongar nossas próprias vidas, por que não prolongamos as de nossos cães também? Na verdade, os cães são uma ótima oportunidade para pesquisas sobre envelhecimento. Para os cientistas, é muito mais barato e mais fácil realizar testes em animais do que em humanos, o que significa que podemos acertar dois coelhos com uma cajadada só. Podemos ajudar nossos melhores amigos a viver mais e, ao mesmo tempo, obter lições valiosas para estudos futuros em humanos.

Em um estudo com cães, por exemplo, os cientistas estão administrando rapamicina em quarenta espécimes domésticos. Até o momento, os resultados são ótimos e os cães apresentaram melhora na função cardíaca em comparação com o início do estudo. Se eles também viverão mais, só o tempo dirá.

Capítulo 8

Aquele que a todos une

Em 2016, o Prêmio Nobel de Medicina foi concedido ao biólogo japonês Yoshinori Ohsumi. Sua contribuição: uma pesquisa sobre algo que acontece em nossas células chamado "autofagia". "Auto" significa "a si mesmo" e "fagia" significa "comer" ou "devorar". Portanto, autofagia significa "comer a si mesmo". Talvez o termo soe como alguma doença terrível, mas, na verdade, é um processo vital que nos mantém saudáveis. Veja, quando as células "comem a si mesmas", elas não devoram coisas de modo aleatório. A autofagia é usada para quebrar especificamente os componentes celulares danificados, sejam eles moléculas individuais ou "órgãos" celulares inteiros — que são chamados de organelas.

Podemos considerar a autofagia como o sistema de coleta de lixo da célula. A célula usa pequenas estruturas semelhantes a bolhas (como sacos de lixo) para engolir moléculas ou componentes celulares danificados. Em seguida, ela transporta os "sacos de lixo" para organelas especiais chamadas lisossomos, que são como estações de reciclagem. Os lisossomos contêm várias enzimas que decompõem o lixo celular até chegar em seus componentes básicos. Posteriormente, esses componentes básicos podem ser liberados e reutilizados na produção de novas moléculas.

Na verdade, esse sistema de lixo/reciclagem — e outros semelhantes — une *tudo* o que discutimos até agora. Para começar, a autofagia é o que nos espera no final de nossa jornada. Nós começamos com o hormônio do crescimento sendo liberado pela glândula pituitária. Chegando ao fígado, aprendemos que o hormônio do crescimento promove a produção do IGF-1. E quando o IGF-1 se liga aos receptores celulares, ele ativa o complexo proteico mTOR. Agora, para ser justo, o mTOR faz *muitas* coisas, e inúmeras delas afetam nossa saúde. No entanto, o elemento que está diretamente ligado ao envelhecimento é o controle que o mTOR exerce sobre a o sistema de coleta de lixo celular. Sendo mais específico, quando o mTOR está ativo, ele *bloqueia* a autofagia. Como consequência disso, todos os sinais de crescimento que ativam o mTOR fazem a mesma coisa. Portanto, quando a rapamicina bloqueia o mTOR, ela basicamente bloqueia o bloqueador, cancelando-o. Isso pode parecer um pouco confuso, mas o resultado é que o bloqueio dos sinais de crescimento acaba *ativando* a autofagia. Consequentemente, a rapamicina só prolonga a vida dos organismos de laboratório enquanto a autofagia estiver funcionando. Se a autofagia for interrompida, a rapamicina deixa de funcionar. Portanto, parece que realmente chegamos ao fim de tudo isso.

Além de tudo o que está relacionado ao crescimento, a autofagia também é uma parte vital da hormese. É importante lembrar que, embora os danos possam nos fortalecer a longo prazo, não é o dano em si que é benéfico. Por exemplo, logo depois que você sai para correr, se sente mais fraco do que estava antes. E os radicais livres — o touro furioso — *são* prejudiciais. A razão pela qual eles podem nos tornar mais fortes com o tempo é que nossas células têm a capacidade de se reparar e, posteriormente, se desenvolver. O primeiro passo é exatamente o que a autofagia faz: coletar e descartar as moléculas danificadas. Portanto, a autofagia também é uma parte fundamental da hormese. Se o sistema de coleta de lixo celular não estiver funcionando da maneira ideal, os vários tipos de hormese deixam de prolongar o tempo de vida dos organismos de laboratório.

Infelizmente, apesar da importância que ela tem para o nosso tempo de vida, a autofagia vai diminuindo aos poucos com a idade. Por motivos não totalmente compreendidos, com o passar do tempo nossos coletores de lixo celular tornam-se preguiçosos e incompetentes em seu trabalho. Esse é um dos motivos pelos quais as células tendem a acumular proteínas velhas e danificadas à medida que envelhecem. Antigamente, acreditava-se que as células velhas se enchiam de "lixo celular" dessa forma porque eram mais sensíveis a danos do que as células jovens. Mas, na verdade, também é importante que as células velhas sejam apenas ruins na *remoção* de lixo, fazendo com que ele se acumule. Quer dizer, então, que você e eu devemos tentar aumentar a autofagia em nossas células? Os estudos em camundongos sugerem que sim. Quando os cientistas aumentam artificialmente a atividade da autofagia em camundongos, eles ficam mais fortes e mais magros e, por fim, também vivem mais. Por outro lado, se a autofagia for inibida nos camundongos, as moléculas danificadas se acumulam rapidamente e os camundongos ficam fracos e doentes.

(Os cientistas não podem criar camundongos com ausência total de autofagia, pois isso seria letal antes mesmo de os camundongos nascerem.)

O rato-toupeira-pelado lutador

Os ratos-toupeira-pelados são muito melhores do que seus parentes próximos, os camundongos, em sobreviver a fatores de estresse como produtos químicos que danificam o DNA, metais pesados ou calor extremo. Ao mesmo tempo, as células dos ratos-toupeira-pelados fazem mais autofagia do que as células dos camundongos. Os ratos-toupeira-pelados também têm maior atividade em outro sistema de eliminação de resíduos celulares — o sistema proteassoma, que lida em especial com a quebra de proteínas danificadas. Da mesma forma, outros mamíferos pequenos, porém com vida longa, os morcegos, fazem uma *regulação positiva* da autofagia à medida que envelhecem. O aumento da atividade entre os coletores de lixo celular pode ser a razão pela qual os morcegos e os ratos-toupeira-pelados vivem muito mais do que outros mamíferos do mesmo tamanho.

Quando chega o verão, a população da minha cidade natal, Copenhague, parece triplicar. Se você também mora em algum lugar com invernos escuros e frios, provavelmente entende o fascínio pelo sol de verão. A maioria das pessoas gosta de tomar sol, e há aquelas que transformam o verão em uma busca de meses pelo bronzeado perfeito.

O que na verdade acontece quando você toma banho de sol é que sua pele é exposta à radiação UV e é danificada por ela. Isso inicia uma cascata de sinais dentro de suas células, o que acaba fazendo com que elas produzam o pigmento melanina para se proteger.

Tomar sol não é problema em pequenas doses — pode até ser hormético —, mas, se você exagerar, o risco de câncer de pele e rugas aumenta drasticamente. Não seria muito mais tranquilo se não tivéssemos que correr o risco de ter câncer de pele (e de nos transformarmos em uma uva-passa) para nos bronzearmos? Uma maneira inteligente de fazer isso seria encontrar outra forma de iniciar a cascata de sinais em geral induzida pelos danos causados pelos raios UV. Ou seja, forjar o sinal que, por fim, nos faz produzir melanina. Se feito corretamente, suas células não seriam capazes de perceber a diferença. Elas apenas veriam a mensagem "produza mais melanina", e obedeceriam. Na verdade, alguns cientistas já comprovaram essa estratégia em laboratório. Eles conseguiram usar uma molécula especial para iniciar a produção de melanina em camundongos e em amostras de pele humana. Por isso, talvez no futuro o protetor solar não seja usado apenas para protegê-lo do sol — ele também poderá ser o que o deixará bronzeado sem a necessidade de se deitar em uma espreguiçadeira por horas.

É possível imaginar uma estratégia semelhante para a autofagia. No momento, nossa melhor aposta para ativar a autofagia é bloquear vários sinais de crescimento ou fazer uso da hormese. Ambas as opções têm possíveis efeitos colaterais. Além disso, apesar de todos esses esforços, os coletores de lixo celular ainda vão ficar preguiçosos com a idade. O que precisamos é de outra maneira de transmitir a mensagem "vá fazer a limpeza". Talvez possamos até encontrar maneiras de estimular a autofagia com mais intensidade na velhice do que somos capazes atualmente.

Tenho o prazer de informar que o primeiro candidato a estimulador da autofagia já foi encontrado, embora ainda estejamos aguardando os testes em humanos. É um composto que intensifica a autofagia nas células de forma confiável e, quando os cientistas o adicionam na água potável dos camundongos, eles vivem mais do que o normal — mesmo que o tratamento comece em idade mais avançada. A molécula em questão é chamada de espermidina. Talvez você consiga adivinhar onde ela foi descoberta inicialmente, mas não se preocupe. Existem outras fontes de espermidina.

A primeira: suas células produzem espermidina e compostos semelhantes. No entanto, nossa própria produção de espermidina tende a diminuir com a idade, assim como acontece com a autofagia. E, até o momento, não conhecemos nenhuma maneira confiável de reverter esse quadro.

Segunda: a espermidina também é produzida por algumas espécies de bactérias intestinais. Porém, mais uma vez, não sabemos como influenciar esse processo. Outras bactérias intestinais *decompõem* a espermidina, e tudo isso é muito complicado para se mexer no momento.

Felizmente, a terceira opção — dieta — é mais fácil de controlar. A espermidina é encontrada em muitos alimentos, e os estudos mostram até mesmo que uma maior ingestão de espermidina está associada a um menor risco de morte. Se você quiser aumentar a ingestão de espermidina, a melhor aposta é o gérmen de trigo. Na verdade, a espermidina não pode ser transformada em suplemento; portanto, mesmo que você encontre "suplementos" de espermidina, eles serão apenas gérmen de trigo com conteúdo extra de espermidina. Além disso, existem outros alimentos que contêm espermidina, como a soja, alguns tipos de cogumelos, sementes de girassol, milho e couve-flor. Se você for mais aventureiro, também pode experimentar fígado de enguia, feijão-azuki ou durian.

Capítulo 9

A infame biologia do ensino médio

Há mais de um bilhão de anos, em algum ponto de uma poça quente aleatória, uma bactéria foi engolida por uma célula que veio a se tornar um ancestral primitivo de todos nós. Não sabemos exatamente como isso aconteceu. Talvez a célula quisesse que a bactéria fosse uma simples refeição. Ou, talvez, o agressor tenha sido a bactéria, um parasita em busca de um novo lar. Seja lá o que tenha acontecido, a bactéria foi parar dentro da célula e permaneceu ali por muito tempo. Na verdade, seus descendentes ainda fazem parte de você e de mim hoje.

Embora a bactéria e a célula ancestral tenham sido duas espécies diferentes, hoje elas são uma só. Ao longo de milhões de anos de evolução, as duas se fundiram uma com a outra e não podem mais ser separadas.

Chamamos os descendentes dessa bactéria de "mitocôndrias", e elas são uma parte vital de nossas células. Se pudéssemos observar o interior de suas células neste exato momento, encontraríamos algo entre poucas e milhares de mitocôndrias. Essas mitocôndrias ainda guardam resquícios de seu passado bacteriano: elas têm o formato e a estrutura das bactérias e até se comportam um pouco como elas. Suas mitocôndrias, por exemplo, produzem mais mitocôndrias da mesma forma que as bactérias produzem mais bactérias: dividindo-se. Dito isso, suas mitocôndrias não são separadas de você. Elas estão intimamente integradas ao restante da célula como uma organela (um órgão celular). E suas mitocôndrias também já não funcionam mais por conta própria. Elas só podem existir como parte de suas células. Ao longo de milhões de anos de evolução, a maior parte do DNA mitocondrial foi transferida para o núcleo da célula com o restante do seu projeto genético. Apenas uma pequena parte permanece nas próprias mitocôndrias como um lembrete de seu passado independente.

★ ★ ★

Talvez você já conheça o papel das mitocôndrias graças àquele que é um dos jargões mais infames da biologia do ensino médio: *As mitocôndrias são as casas de força das células.* Embora muitas pessoas fiquem irritadas por ter que aprender isso, as mitocôndrias são mesmo uma das organelas mais importantes das células. Elas são responsáveis pela última parte da tarefa celular, a que torna todo o resto possível: coletar a energia dos alimentos que você ingere. Como resultado, a quantidade de mitocôndrias nas células varia de acordo com a função. As células musculares, em especial as do músculo cardíaco, têm muitas mitocôndrias porque usam bastante energia. Outros tipos de células, como as da pele, são principalmente responsáveis por permanecer inativas e, por isso, têm poucas mitocôndrias.

Casa de força é realmente a melhor analogia para as mitocôndrias, e você quer que suas mitocôndrias tenham todas as propriedades que desejaria em uma casa de força: confiabilidade, segurança e o mínimo impacto no meio ambiente. A evolução fez com que suas mitocôndrias fossem altamente otimizadas para cumprir essa tarefa. No entanto, como acontece com a maioria dos outros elementos em nossas células, o envelhecimento tende a arruinar o sistema. Conforme envelhecemos, vamos perdendo mitocôndrias, e as que sobram tendem a se tornar disfuncionais. É possível pensar nisso como uma troca de várias casas de força novas e potentes por algumas velhas e desgastadas.

Esse declínio na função mitocondrial é sinal de problema, já que tudo o que uma célula faz necessita de energia. Os estudos mostram que as mitocôndrias disfuncionais promovem o envelhecimento em organismos de laboratório, e vemos o efeito de sua disfunção também nos seres humanos. Por exemplo, a perda de mitocôndrias é uma das razões pelas quais nossos músculos tendem a ficar mais fracos com a idade. O que podemos fazer, então, para manter as casas de força das células funcionando?

A resposta a essa pergunta é uma lista de nossos velhos conhecidos. Como muitos outros sistemas biológicos, as mitocôndrias experimentam a hormese. A principal maneira de desafiar essas organelas de uma forma benéfica é aumentar suas necessidades de energia, de preferência de forma acentuada. Duas coisas vêm à mente. Primeiro, o exercício, especialmente o exercício de alta intensidade. E segundo, a exposição ao frio, como quando praticamos natação no inverno, por exemplo.

Uma das maneiras pelas quais as mitocôndrias respondem ao desafio é por meio de algo chamado "biogênese mitocondrial". Isso quer dizer apenas que as mitocôndrias se dividem para produzir mais delas mesmas. O que é bom, pois aumenta a capacidade das células e também neutraliza a perda de mitocôndrias que na maioria das vezes ocorre durante o envelhecimento. Na verdade, parece que é possível anular por completo a perda de mitocôndrias relacionada à idade se você se exercitar o suficiente.

Outra resposta à hormese mitocondrial é a autofagia, ou "mitofagia", como alguns a chamam quando é relacionada à mitocôndria. Esse processo garante que as casas de força celulares antigas e disfuncionais sejam removidas com regularidade. A remoção de mitocôndrias danificadas é de fato uma das funções mais importantes da autofagia. Como resultado, os estimulantes da autofagia, como a espermidina, afetam especialmente as mitocôndrias. Quando os pesquisadores dão espermidina a camundongos para prolongar suas vidas, verifica-se que o efeito mais importante é mediado pela mitofagia, em particular a remoção de casas de força disfuncionais nas células do músculo cardíaco. O tratamento com espermidina melhora a saúde do coração dos camundongos e garante um fornecimento de energia limpa. Isso é muito importante, pois queremos que o coração continue batendo. (Na verdade, não são apenas os camundongos com espermidina que têm corações mais saudáveis. Também sabemos que, entre os seres humanos, uma maior ingestão de espermidina na dieta está associada a um menor risco de doença cardiovascular.)

Os cientistas também identificaram outro composto, chamado urolitina A, que pode aumentar a mitofagia. Quando os pesquisadores dão urolitina A a pessoas idosas e não ativas, há um aumento da mitofagia em seus músculos. A mesma coisa acontece em camundongos, que apresentam uma melhor resistência como resultado. E acontece que a urolitina A não melhora apenas a mitofagia, ela também estimula a divisão das mitocôndrias, a mesma coisa que acontece quando nos exercitamos.

Infelizmente, a urolitina A não está naturalmente presente nos alimentos. Ou, pelo menos, ninguém a encontrou ainda. Mas os precursores da molécula de urolitina A são encontrados em romãs, nozes e framboesas na forma de polifenóis chamados elagitaninos. E algumas bactérias intestinais podem converter os elagitaninos em urolitina A. Ainda que nem todo mundo tenha essas espécies no intestino, de modo geral comer mais romãs, nozes e framboesas nunca é ruim.

A natureza gosta de reciclar

Embora a principal função da mitocôndria seja funcionar como a casa de força da célula, a natureza gosta de reciclar. Por alguma razão, as mitocôndrias têm outras funções que não estão muito relacionadas ao seu trabalho como fonte de energia. Um exemplo é o fato de que o gatilho para o suicídio celular — a apoptose — fica na mitocôndria. Além disso, as mitocôndrias também estão envolvidas em nosso sistema imunológico — tanto na eliminação de inimigos quanto nas vias de sinalização que controlam todo o processo.

Capítulo 10

Aventuras na imortalidade

No inverno de 1951, uma mulher de trinta e um anos chamada Henrietta Lacks foi internada no Hospital Johns Hopkins em Baltimore, Maryland. Henrietta se queixava de sentir um "nó" no colo do útero, e achava que poderia estar grávida outra vez. Mas, em vez de uma gravidez, os médicos encontraram nela uma lesão aparente. Ela tinha câncer. Durante o ano de 1951, o câncer sofreu metástase e se espalhou por todo o corpo dela, acabando por matá-la no final daquele ano.

Antes de Henrietta Lacks morrer, os médicos estudaram as células de sua biópsia cervical mantidas em cultura no laboratório. Isso é difícil na maioria dos casos. As células humanas não gostam muito de crescer em cultura e tendem a morrer rápido fora do corpo. Apesar disso, as células cancerosas de Henrietta Lacks pareciam se desenvolver muito bem. Os médicos ficaram perplexos ao verem as células se dividirem zelosamente dia após dia.

Quando Henrietta Lacks faleceu, sua amostra de células ainda estava bem viva no laboratório. É aqui que a história fica esquisita. Como as células de Henrietta Lacks vieram a ser a primeira linhagem celular humana cultivável, aquilo foi um grande acontecimento científico. Os cientistas envolvidos começaram a compartilhar de forma ávida as células com outros especialistas, mas nunca consultaram Henrietta Lacks ou sua família. Deixarei que você seja o juiz moral aqui; o Johns Hopkins emitiu um pedido de desculpas mais de cinquenta anos depois.

A questão é que as células de Henrietta Lacks continuam vivas até hoje. A linhagem celular, chamada de HeLa, é imortal, e o livre compartilhamento de suas células significa que ela é usada em todo o mundo atualmente. Apenas alguns anos após a morte de Henrietta Lacks, ela foi usada por Jonas Salk para desenvolver a primeira vacina contra a poliomielite. E, desde então, as células HeLa foram usadas milhões de vezes em pesquisas sobre câncer, virologia e biomedicina básica.

★ ★ ★

Na extremidade de um cadarço, há uma peça de plástico ou metal que garante que ele não se desgaste. Aposto que você nunca se perguntou como se chamam essas coisas. Chamam-se aguilhas. Isso pode parecer um fato completamente irrelevante em um livro sobre pesquisa de envelhecimento, mas as suas células lidam com um problema semelhante ao enfrentado pelos fabricantes de cadarços. Dentro das suas células, o DNA está contido em longas estruturas semelhantes a fios chamadas cromossomos. E as extremidades desses cromossomos podem ser danificadas ou desgastadas, assim como as pontas dos cadarços. Suas células resolvem o problema com uma coisa chamada telômeros, que são como aguilhas genéticas. Os telômeros são feitos a partir dos mesmos blocos de construção que o restante do DNA — os nucleotídeos —, mas a diferença é que os telômeros não contêm nenhuma informação importante. Eles não têm genes e são compostos apenas pela mesma sequência repetida várias vezes. Isso é inteligente, pois significa que nossas células podem perder alguns telômeros e ficar bem. Pelo menos no curto prazo. A longo prazo, nossos telômeros são, na verdade, um alicerce que determinará o tempo de vida das nossas células.

Antigamente, costumávamos pensar que as células eram imortais, embora os órgãos como um todo envelheçam e morram. No entanto, um cientista chamado Leonard Hayflick provou que as células humanas normais morrem depois de se dividirem um determinado número de vezes. Esse fenômeno agora é chamado de "limite de Hayflick" e é causado por nossos telômeros. Quando nascemos, nossos telômeros são formados por aproximadamente 11 mil nucleotídeos. Mas, a cada vez que nossas células se dividem, os telômeros ficam um pouco mais curtos. E não há problema algum, até que eles se tornam tão curtos que nosso DNA útil fica comprometido. Antes que isso possa acontecer, a célula puxa o freio de emergência e para de se dividir.

Dessa forma, o encurtamento dos telômeros é o que torna as células mortais. Mesmo que permitíssemos de alguma forma que as células continuassem a se dividir após atingirem o limite de Hayflick, elas acabariam perdendo totalmente os telômeros. Isso iria expor o DNA a danos e a célula morreria de qualquer forma.

No entanto, talvez você consiga imaginar pelo menos uma solução possível. E se apenas alongássemos os telômeros para anular a perda? Na verdade, é isso que algumas células fazem. Temos uma enzima chamada telomerase, que é a responsável pela formação dos telômeros. É possível pensar na telomerase como uma pequena máquina molecular que vai até o final dos cromossomos e alonga os telômeros. As células usam a telomerase principalmente durante o desenvolvimento, quando passamos de uma única célula para bilhões em um curto espaço de tempo. Isso requer muitas divisões celulares, e a telomerase garante que os telômeros não se esgotem antes mesmo do início da vida. No entanto, assim que o desenvolvimento chega ao fim, a grande maioria das nossas células desliga o gene da telomerase e se torna mortal.

⋆ ⋆ ⋆

A telomerase é a razão pela qual as células cancerosas de Henrietta Lacks se tornaram imortais. O câncer de Lacks foi causado pelo vírus HPV-18 (Papilomavírus Humano 18), responsável pela maioria dos cânceres de colo do útero no mundo. No processo de infecção de Lacks, o vírus ativou o gene que produz a telomerase. Isso quer dizer que o vírus deu às células a capacidade de alongar continuamente seus telômeros e, assim, dividir-se repetidas vezes sem nunca se esgotar. Isso é muito útil para um câncer, e também é o que mantém as células HeLa imortais até hoje. Se os cientistas bloquearem a enzima telomerase nas células HeLa, elas vão perder sua imortalidade e morrerão após um determinado número de divisões, exatamente como seus ancestrais pré-cancerosos.

Pense nisso por um momento. Nós, na verdade, sabemos como tornar as células imortais. E você e eu somos compostos por muitas células — 37 trilhões, para ser exato. Mas torná-las imortais é o mesmo que tornar o organismo imortal? Se for, a maneira de prolongar a vida é evitar que nossos telômeros fiquem curtos. Os pesquisadores investigaram essa abordagem criando camundongos que nasceram com telômeros anormalmente longos. Esses roedores não só são mais magros do que os normais como também têm um metabolismo mais saudável, envelhecem melhor e, por fim, vivem mais.

Também temos evidências sugestivas nos seres humanos. As pessoas que nascem com mutações que causam o encurtamento rápido dos telômeros envelhecem prematuramente. E, mesmo dentro da variação normal, os telômeros estão associados ao envelhecimento. Como em todos os outros traços, há diferenças nas características relacionadas aos telômeros entre os indivíduos. Algumas pessoas têm telômeros mais longos do que outras, e algumas perdem telômeros mais lentamente ao longo da vida. Em um estudo dinamarquês com 65 mil pessoas, os indivíduos com telômeros mais curtos tiveram uma taxa de mortalidade mais alta e uma taxa mais alta de doenças relacionadas à idade, como doenças cardiovasculares e Alzheimer.

Então devemos tentar alongar nossos telômeros? Os cientistas nunca tentaram fazer isso oficialmente — mas alguém fora dos limites normais do meio acadêmico tentou.

⋆ ⋆ ⋆

Em 2015, uma norte-americana viajou para a Colômbia na esperança de lançar uma revolução na extensão da vida. Liz Parrish, como é chamada, não é uma cientista louca nem uma rica excêntrica. Sob muitos aspectos, ela é uma mãe de família suburbana comum.

Em seu trabalho em defesa das células-tronco, Parrish aprendeu sobre os poderes da telomerase. Os cientistas mostraram a ela como os camundongos com telômeros longos pulam cheios de energia juvenil, enquanto os camundongos normais com idade semelhante ficam sentados em um canto, velhos e frágeis.

Parrish sonhava em transferir essa magia para os seres humanos, mas descobriu que seria difícil. Os cientistas tentaram fabricar medicamentos que ativam a enzima telomerase, mas isso se mostrou muito complicado. Em vez disso, Parrish optou por usar algo chamado terapia gênica. Trata-se de uma invenção médica mais recente, em que os cientistas acrescentam um gene extra às células de uma pessoa como se fosse uma peça de reposição. Nesse caso, a peça sobressalente genética seria um gene extra (e ativo) da telomerase.

Liz Parrish não viajou para a Colômbia porque os colombianos especificamente precisam ter seus telômeros alongados. Na verdade, ela deixou seu país natal para fugir da Food and Drug Administration. Parrish queria ser a primeira pessoa a ser testada, mas os Estados Unidos e a maioria dos outros países desenvolvidos restringem demais os tipos de procedimentos médicos que podem ser realizados — mesmo que seja apenas em seu próprio corpo. Um projeto que envolve a injeção de uma terapia gênica criada por você mesmo nunca alçaria voos maiores.

Por isso, a própria Parrish voou. Na Colômbia, ela encontrou uma clínica que estava disposta a ajudá-la. Primeiro, os colaboradores científicos mediram os telômeros de Parrish para que a eficácia do tratamento pudesse ser determinada. Eles descobriram que ela de fato tinha telômeros significativamente mais curtos do que o esperado para uma mulher da sua idade. Uma ótima cobaia.

Parrish, então, recebeu as injeções de terapia gênica e, depois de um tempo monitorando os efeitos colaterais agudos, voltou para seu país de origem. No ano seguinte chegou o momento dos resultados e, mais uma vez, os colaboradores científicos de Parrish mediram o comprimento de seus telômeros. Os resultados foram positivos. Parece que Liz Parrish é a primeira pessoa a conseguir alongar seus telômeros com sucesso.

⋆ ⋆ ⋆

O autoexperimento de Liz Parrish causou um alvoroço na comunidade científica. De um lado, seus defensores argumentaram que o autoexperimento forneceria dados valiosos para todos nós. De outro, os críticos consideraram toda a experiência perigosa — e até imprudente –, e temiam o contágio social. A própria Parrish defendeu sua posição e afirmou: "Para obter uma aprovação do governo dos Estados Unidos que me permitisse trazer a terapia gênica até vocês (...) eu teria que levantar quase um bilhão de dólares. Cerca de quinze anos de testes seriam necessários. E, quando vejo as pessoas lá fora, vejo que elas não querem esperar quinze anos."

Mas vamos recuar um pouco. É verdade que poderíamos debater se um experimento autônomo como esse é seguro ou não. O mais importante, porém, é saber se ele seria válido mesmo *se* funcionasse. Pense nisso: eu disse que todas as nossas células têm o gene da telomerase. Mas no início da vida, elas o desligam e o mantêm desligado. Se o segredo para uma vida longa é a telomerase, por que nossas células simplesmente não ativam de volta a enzima e a utilizam?

O motivo é que isso revela-se como um desagradável equilíbrio. Talvez você consiga adivinhar pela história de Henrietta Lacks. É verdade que a telomerase pode tornar as células imortais. Mas isso foi exatamente o que aconteceu com as células de Henrietta Lacks — e qual foi o resultado? O problema é que o gene da telomerase é essencial para o desenvolvimento do câncer. De 80 a 90% de todos os cânceres em humanos encontram alguma maneira de ativar o gene da telomerase. Mesmo aqueles que não ativam a telomerase em geral encontram outra maneira de alongar seus telômeros. Eles precisam fazer isso. Sem o alongamento contínuo dos telômeros, as células cancerosas acabariam morrendo, como acontece com as células normais.

Para ser justo, os defensores da extensão dos telômeros, como Liz Parrish, não são a favor da imortalização das células. Eles esperam conseguir ativar a telomerase apenas por um breve período, o suficiente para alongar ligeiramente os telômeros, mas não o bastante para tornar as células cancerosas. Na verdade, não está claro se essas coisas podem ser separadas. Os estudos mostram que as pessoas que têm telômeros mais longos do que a média apresentam um maior risco de desenvolver câncer. Portanto, parece que mexer com os telômeros é, na melhor das hipóteses, um projeto perigoso. Como seguimos evoluindo em nossa capacidade de combater o câncer, pode ser que um dia valha a pena fazer essa aposta. Mas até lá, eu ficaria longe. É provável que a natureza já levou esse equilíbrio entre envelhecimento e câncer em consideração e definiu o comprimento dos telômeros de acordo com ele.

Além disso, há outros problemas relacionados à pesquisa sobre telômeros: o principal é o fato de que a maioria dos estudos utiliza camundongos como organismo modelo. Esses roedores costumam ser bons modelos para seres humanos, levando em conta o custo e a dificuldade, mas não são um bom organismo modelo quando se trata de telômeros. A biologia dos telômeros nos camundongos é muito diferente da nossa; os camundongos têm telomerase ativa em todas as suas células, e também nascem com telômeros muito mais longos do que os nossos. Se os telômeros fossem a única fonte de juventude, os camundongos viveriam muito mais do que nós. Mas não é o caso — os ratos lutam para viver apenas alguns poucos anos, e sucumbem ao câncer em altas taxas. Vamos para a próxima.

Telômeros no espaço

Em 2016, o astronauta norte-americano Scott Kelly voltou do que fora então a mais longa estadia de um americano a bordo da Estação Espacial Internacional. Na Terra, ele foi recebido por seus entes queridos, incluindo seu irmão gêmeo idêntico, Mark Kelly, que também é astronauta. A NASA examinou os dois gêmeos antes, durante e depois da viagem para saber mais sobre os efeitos físicos de longas estadias no espaço. Os dados mostraram que, no espaço, Scott passou por muitas mudanças fisiológicas que Mark não sofreu na Terra. Uma delas foi que os telômeros de Scott ficaram *mais longos* enquanto ele estava no espaço. Mas, ao voltar à Terra, os telômeros se encurtaram rapidamente e, na verdade, ficaram mais curtos do que eram antes da viagem.

Talvez a Fonte da Juventude seja uma passagem só de ida para o espaço...

Capítulo 11

Células zumbis e como se livrar delas

Nas tumbas da Grécia antiga, um dos costumes era colocar pedras e outros objetos por cima dos esqueletos, como se isso pudesse evitar que os mortos ressuscitassem. E mesmo antes disso, na antiga Mesopotâmia, havia histórias como as da deusa Ishtar, que ameaçava: "Deixarei que os mortos se levantem e devorem os vivos." Hoje em dia, ainda temos histórias do tipo sobre mortos-vivos — zumbis —, e elas acabaram vindo parar neste livro também. Mas os zumbis que vamos encontrar são diferentes daqueles de Hollywood. Nossos zumbis são *células* zumbis.

* * *

Na maioria das vezes, as células monitoram ansiosamente sua própria condição. Quando percebem que algo está errado, elas cometem um suicídio celular — o que é chamado de apoptose. É por isso que as células humanas são difíceis de serem cultivadas em laboratório. Quando elas são removidas do corpo, percebem que algo está errado e prontamente se matam. Esse nível de paranoia pode parecer drástico, mas, como sempre, há uma razão evolutiva para que suas células se comportem assim. O suicídio celular é um mecanismo para prevenir o câncer e combater infecções. Se uma das células suspeitar que está se tornando cancerosa ou que foi infectada por um vírus, ela se sacrifica abnegadamente para salvar o resto de seu corpo. Pode parecer heroico, mas, na verdade, é uma parte completamente normal do funcionamento de seu corpo. Na realidade, enquanto você lê este parágrafo, alguns milhões de células suas estão se matando. Sim, milhões. Você perde entre 50 e 70 *bilhões* de células por apoptose todos os dias. Trata-se de um número assustadoramente grande, mas é, de fato, apenas uma pequena fração de suas células, e seu corpo pode substituí-las facilmente.

Em alguns casos, as células danificadas não se matam por completo, mas entram em um estado chamado senescência celular. Isso é o que chamamos de células zumbis. A senescência foi descrita pela primeira vez por Leonard Hayflick como o resultado de atingir o limite de Hayflick. Ou seja, as células podem acabar virando células zumbis quando ficam sem telômeros. Mas há muitas outras maneiras disso acontecer também. Em geral, todos os tipos de danos que podem levar uma célula ao suicídio celular também podem fazer com que ela se torne uma célula zumbi.

Quando uma célula se transforma em uma célula zumbi, ela interrompe a maior parte de sua atividade normal, deixando, inclusive, de se dividir. Mas, em vez de morrer, o que seria uma etapa seguinte mais óbvia, a célula permanece. Além disso, ela começa a expelir um coquetel de moléculas prejudiciais para o ambiente. Não é difícil imaginar que células assim possam promover o envelhecimento. Por isso, os cientistas da Mayo Clinic, em Minnesota, decidiram investigar como as células zumbis afetam o tempo de vida dos organismos biológicos. Em um estudo, os cientistas isolaram células zumbis de camundongos velhos e as transplantaram para camundongos jovens e saudáveis. Os roedores jovens começaram cheios de vigor, mas bastou uma dose de células zumbis para desacelerá-los. Curiosamente, os camundongos continuaram fracos, mesmo seis meses após o transplante, quando as células zumbis originais já haviam desaparecido há muito tempo. O motivo é que as células zumbis — no melhor estilo zumbi — espalham sua condição para outras células. As moléculas que elas expelem em seus arredores podem fazer com que células normais e saudáveis também se tornem células zumbis — mesmo as células localizadas em áreas totalmente diferentes do corpo. Como resultado, os camundongos do experimento nunca se recuperaram do transplante de células zumbis. Eles acabaram morrendo mais cedo do que os camundongos normais, e, quanto mais células zumbis eram transplantadas, pior era a situação.

O que aconteceu com esses pobres camundongos é, na verdade, um pouco semelhante ao que acontece durante um processo de envelhecimento normal. Não é que recebemos uma injeção repentina de células zumbis, mas, à medida que envelhecemos, as células zumbis tendem a se acumular no corpo. Uma pessoa idosa tem muito mais células zumbis do que uma pessoa jovem. E, já que as células zumbis têm um efeito claramente negativo, seria benéfico se livrar delas de uma vez por todas? Pesquisadores — mais uma vez da Mayo Clinic — realizaram o teste fazendo uso de uma habilidosa engenharia genética. Em resumo, os pesquisadores criaram camundongos com células contendo um construto genético especial. Você pode imaginar esse construto como uma pequena bomba que só se ativaria em células zumbis, e que os pesquisadores poderiam acionar sob um comando usando uma molécula de gatilho especial. Ao administrar essa molécula aos camundongos, a "bomba celular" explodiria nas células zumbis, matando-as.

Para testar o efeito da remoção das células zumbis, os pesquisadores dividiram seus camundongos geneticamente modificados em dois grupos. O primeiro foi deixado sem alterações, enquanto o outro grupo teve a bomba celular acionada duas vezes por semana. Era preciso matar as células zumbis dessa forma contínua, já que elas surgem ao longo da vida. Ao atingi-las repetidas vezes, os cientistas garantiram que os camundongos permanecessem livres das zumbis. Como esperado, a eliminação das células zumbis foi uma vantagem para os camundongos. Os cientistas observaram que os camundongos sem zumbis pareciam significativamente mais saudáveis e com mais energia do que os que foram atacados por zumbis. E, por fim, os ratos sem zumbis também viveram cerca de 25% a mais do que os ratos do grupo de controle.

⋆ ⋆ ⋆

Será, então, que você e eu devemos procurar uma maneira de nos livrarmos de nossas próprias células zumbis? É importante observar que a senescência celular nem sempre é um fenômeno prejudicial. Na verdade, as células zumbis desempenham um papel importante tanto no nosso desenvolvimento quanto na cicatrização de feridas, e que não deve ser interrompido. Entretanto, os estudos com camundongos mencionados acima associam claramente as células zumbis ao envelhecimento, e há até mesmo indícios de que as células zumbis ajudam a promover várias doenças relacionadas à idade. Parece que a senescência celular é um mecanismo útil na juventude, mas que desanda com o tempo.

De alguma forma, o sistema imunológico desempenha um papel aqui. Normalmente, as células imunológicas podem comer e remover as células zumbis. Na verdade, as moléculas prejudiciais que as células zumbis expelem são em parte usadas para atrair as células imunológicas. Mas, na velhice, o chamado das células zumbis não é ouvido. O envelhecimento nos rouba as células imunológicas, e as que ainda estão por perto geralmente estão ocupadas em outro lugar.

Isso significa que teremos de encontrar outra maneira de nos livrarmos das células zumbis. Nós não temos nenhuma "bomba celular" codificada em nossos genes; portanto, teremos de inventar outra coisa. Há duas opções. Podemos tentar "resgatar" as células zumbis transformando-as de novo em células normais e saudáveis. Ou podemos tentar matar as zumbis.

A opção dois parece mais divertida, e aparentemente os pesquisadores da senescência celular concordam. Ou, pelo menos, matar zumbis é, de longe, a opção mais pesquisada. Infelizmente, porém, matar células zumbis não é tão fácil quanto matar zumbis nos filmes. O principal obstáculo é que essas células não ficam todas juntas. Elas estão espalhadas por todo o corpo e são sempre minoria, mesmo na velhice. Como resultado, é importante ser muito preciso ao atingir as células zumbis. Mesmo uma pequena imprecisão faria com que você matasse muito mais células normais do que células zumbis. Sem dúvida, isso não seria positivo.

Apesar da dificuldade, os cientistas *conseguiram* encontrar candidatos para o uso de medicamentos que têm como alvo específico as células zumbis. Esses medicamentos são chamados de "senolíticos", e a maioria deles mata fazendo com que as células zumbis cometam suicídio celular. Como dissemos, esse é o destino da maioria das células zumbis antes de se tornarem células zumbis. As células zumbis inibem a resposta de suicídio celular, mas os compostos senolíticos podem forçá-las a isso.

Os senolíticos encontrados até o momento incluem muitos compostos derivados de plantas. Portanto, mais uma vez, estou lembrando que você deve comer frutas e verduras. Um exemplo de molécula senolítica é um flavonoide chamado fisetina, encontrado em morangos e maçãs. A adição de fisetina extra à ração de camundongos idosos melhora o tempo de vida deles, mesmo quando administrada no final da vida. No entanto, o estudo em questão utilizou concentrações muito mais altas de fisetina do que as que você conseguiria obter de forma realista com a sua alimentação. Se você quisesse uma quantidade equivalente, precisaria comer alguns quilos de morangos. Agora você tem uma desculpa.

Outros exemplos de compostos destruidores de zumbis que podem prolongar a vida dos camundongos incluem o flavonoide procianidina C1, encontrado em uvas, e também a prima próxima da fisetina, a quercetina, encontrada em cebolas e repolhos. A quercetina é especialmente bem pesquisada em combinação com o medicamento Dasatinibe. Essa combinação é muito mais potente do que a quercetina sozinha. Só que o Dasatinibe é um medicamento para leucemia; portanto, não é algo que você comeria em um dia normal. Mas a combinação de Dasatinibe e quercetina está sendo investigada em humanos em vários ensaios clínicos. São bons candidatos a uma futura solução farmacêutica para as células zumbis, mas um medicamento para leucemia obviamente não é algo com que se possa brincar. Em geral, embora algumas das substâncias que matam zumbis possam ser encontradas na forma de suplementos, é preciso ter cuidado. Em altas concentrações, essas moléculas também são tóxicas para as células normais. Qualquer pessoa que faça experiências com elas deve saber de fato o que está fazendo.

A melhor abordagem no combate às nossas células zumbis é cruzar os dedos e observar os testes clínicos. Na verdade, já houve um caso de sucesso: um medicamento senolítico experimental foi usado para melhorar com segurança os sintomas de duas doenças oculares relacionadas à idade. Considerando as toneladas de dinheiro envolvidas e os muitos testes diferentes, é possível que um senolítico venha a ser o primeiro medicamento antienvelhecimento real aprovado pelas autoridades médicas. Enquanto isso, é reconhecido que há uma série de maneiras menos eficazes de combater as células zumbis.

Primeiro, as infecções virais podem transformar as células em células zumbis. E, curiosamente, alguns vírus, como a influenza A, podem ser combatidos com o uso de compostos senolíticos, como a quercetina.

Segundo, há o aspecto imunológico. Um sistema imunológico saudável provavelmente seria capaz de lidar com o problema das células zumbis por conta própria.

Terceiro, é interessante observar que a maioria dos compostos que matam zumbis são flavonoides de plantas. É claro que, para obter as quantidades usadas nesses estudos, você teria que comer como um elefante. Mas há muitos compostos vegetais semelhantes a esses. Quem sabe eles têm um efeito sinérgico se combinados.

E, por fim, embora tenhamos estabelecido que é mais divertido matar as células zumbis, há também uma empolgante pesquisa em andamento que visa reverter a condição. Vários estudos demonstraram que o hormônio do ritmo circadiano, a melatonina, pode ajudar a trazer as células zumbis de volta a um estado saudável. A melatonina não é o "hormônio do sono", como às vezes é descrito, mas otimizar o sono e ter um horário padronizado para acordar e dormir é uma boa ideia.

Capítulo 12

Dando corda no relógio biológico

Imagine que você é um cientista trabalhando em um novo medicamento para combater o envelhecimento. Você vai subindo na hierarquia dos organismos de laboratório. A medicação funciona em leveduras. Depois, em *C. elegans*. Depois, em moscas-das-frutas. E, enfim, funciona também em camundongos. Você está muito animado e, depois de algumas especulações, decide dar o grande salto e apostar nesse medicamento. Passam-se os anos entre testes de segurança, captação de recursos, experimentos de dosagem e muita burocracia. Por fim, está pronto para responder à grande pergunta: seu novo medicamento funcionará em humanos? Você se senta para planejar o estudo. Como descobrirá isso? Você dará seu medicamento a um grupo de pessoas de meia-idade? Nesse caso, seria necessário esperar décadas até descobrir se elas viveram mais do que o normal. Em vez disso, você poderia dar o medicamento a pessoas que *já são* idosas. Mas mesmo esse teste levará muitos anos e, ao usar pessoas idosas, estará dando menos tempo para o medicamento funcionar. É possível acabar em uma situação em que o teste falha, mas ainda fornece indícios de algum benefício. Nesse caso, você terá que desistir ou voltar ao plano original: administrar o medicamento em pessoas de meia-idade e esperar para ver o que acontece pelo resto da sua carreira.

Como você pode imaginar, esse "dilema da espera" é extremamente irritante para os cientistas biomédicos. É um dos principais obstáculos para quem está tentando desenvolver a medicina preventiva. Se você quiser prevenir demência ou câncer, por exemplo, levará anos para saber se um possível medicamento funciona. Só então será possível ajustar sua abordagem adequadamente. E lembre-se de que até mesmo para chegar ao ponto de *poder* testar um medicamento são muitos anos pela frente e a um custo de milhões de dólares. Portanto, não é nenhuma surpresa que o progresso na medicina tenda a ser mais lento do que em muitas outras áreas da ciência e da tecnologia.

O enorme investimento de tempo necessário para o desenvolvimento de medicamentos é o motivo pelo qual os pesquisadores estão entusiasmados com os chamados biomarcadores. Um biomarcador é um indicador substituto de algum resultado biológico importante. Trata-se de algo que você pode medir facilmente, e que ajuda a informar sobre um determinado estado biológico. Por exemplo, durante uma febre, sua temperatura sobe. Isso significa que podemos usar a temperatura corporal como um biomarcador da intensidade da febre. Se lhe dermos um novo medicamento e sua temperatura corporal começar a cair, é possível que o medicamento esteja combatendo o que quer que esteja causando a febre.

Você pode imaginar outro biomarcador que, em vez de "rastrear" a evolução de uma febre, rastreia a idade biológica. Ou seja, ele descreve a sua idade *biológica*, e não o número de velas em seu bolo de aniversário. Em termos mais mórbidos, um biomarcador de idade biológica descreveria com precisão o quanto você está próximo da morte. Sabemos muito bem que duas pessoas podem ter a mesma idade *cronológica* e, ainda assim, ter corpos em condições físicas muito diferentes. Algumas pessoas com setenta anos se mantêm ocupadas correndo maratonas, enquanto outras caminham até a loja da esquina com muito esforço. Nesse caso, biologicamente considerando, a primeira pessoa pode ter cinquenta e cinco anos, enquanto a outra tem oitenta e cinco.

Portanto, se você tivesse um relógio biológico, seus esforços de desenvolvimento de medicamentos seriam muito mais fáceis. No início do estudo, você obteria medições de base. Em seguida, formaria dois grupos com características semelhantes e daria o medicamento aos indivíduos de um dos grupos. Agora, em vez de esperar anos até que as pessoas morram, seria possível medir suas idades biológicas ocasionalmente. Se o medicamento de fato funcionar, ele retardará o envelhecimento biológico das pessoas que irão recebê-lo. Isso significa que, em medições posteriores, elas seriam biologicamente mais jovens do que o grupo de controle, que continuaria a envelhecer normalmente. E, dessa forma, você economizaria bastante tempo.

⋆ ⋆ ⋆

Entre os primeiros "relógios biológicos" propostos estavam os telômeros. À primeira vista, eles parecem ser uma boa escolha. Como você deve se lembrar, nossos telômeros ficam gradualmente mais curtos ao longo da vida, e telômeros mais curtos tendem a se correlacionar com uma morte mais precoce. Por esse motivo, muitos estudos *usam* os telômeros como um relógio biológico, e eles são melhores do que nada. Entretanto, o encurtamento deles não é um relógio biológico tão confiável quanto gostaríamos. É verdade que, em média, as pessoas com telômeros mais curtos tendem a morrer mais jovens, mas essa correlação está longe de ser perfeita. E se aumentarmos o escopo, indo além dos seres humanos, o quadro fica ainda mais obscuro. Os ratos, como vimos, têm telômeros mais longos do que os humanos, mas têm vidas muito mais curtas. E os cientistas descobriram até mesmo uma ave marinha, o painho-de-Leach, que possui telômeros que se *alongam* à medida que ela envelhece (curiosamente, essa ave também tem uma vida longa para seu tamanho). É evidente que os telômeros não refletem todo o fenômeno que chamamos de envelhecimento.

Em 2013, o cientista germano-americano Steve Horvath apresentou um novo relógio biológico que supera o do encurtamento dos telômeros e praticamente todos os outros. Esse novo relógio biológico é com frequência chamado de "relógio epigenético", e o modo como ele funciona é um pouco complicado. Mas vamos tentar.

Como o nome indica, o relógio epigenético é baseado em algo chamado epigenética. Podemos pensar na epigenética como um sistema de controle dentro de suas células. Lembre-se de que todas as suas células (exceto os glóbulos vermelhos) têm todo o seu DNA — toda a receita genética para criar você. Mas, na maioria das vezes, suas células só necessitam de uma pequena fração dessa receita em determinado momento. Suas células musculares precisam usar genes que ajudam a produzir fibras musculares, mas não dos genes que produzem o esmalte dentário ou os receptores gustativos. As células que produzem seus dentes, por outro lado, necessitam dos genes para produzir o esmalte dentário, mas não dos genes para produzir as fibras musculares. Além disso, mesmo que uma célula precise de um gene específico, ela não necessariamente precisa dele o tempo todo. A solução para isso é um sistema de controle que pode gerenciar quais genes são usados na célula em um determinado momento. Quando a célula precisa de um gene, ela pode ativá-lo. Quando não precisa, pode desligá-lo.

Parte desse sistema de controle é a epigenética: alterações químicas reversíveis no seu DNA. Podemos imaginar a célula colocando etiquetas diferentes nos genes — "ligar", "ligar em breve", "desligar temporariamente", "desligar permanentemente" e assim por diante. É bastante engenhoso, na verdade. Dessa forma, nossas células podem usar o mesmo registro genético para criar células cerebrais, células imunológicas, células do seu dedo mindinho e tudo o mais.

A epigenética é especialmente útil durante o desenvolvimento, quando passamos de uma pequena bola de células a um bebê, uma criança e, mais tarde, um adulto. Alguns genes são necessários apenas durante o desenvolvimento inicial, alguns são necessários para se tornar um determinado tipo de célula e outros são úteis para crescermos e nos tornarmos um adulto maduro. Entretanto, nesse ponto, esperamos que nossa epigenética permaneça relativamente definida. Afinal, quando você se torna um adulto, o programa é concluído com sucesso. Mas, para nossa surpresa, as mudanças epigenéticas continuam ocorrendo, mesmo mais tarde na vida. Os cientistas costumavam acreditar que isso se devia apenas ao fato de que o maquinário celular se torna defeituoso com a idade. Eles imaginavam que as células aos poucos perdiam o controle e acabavam basicamente colocando marcas aleatórias nos genes. Reforçando essa teoria, a maioria das alterações epigenéticas relacionadas à idade consiste na perda da capacidade de desligar os genes de forma eficaz. Isso se torna um perigo quando os genes envolvidos no crescimento são ativados mesmo quando já terminamos de crescer há muito tempo porque essa promoção do crescimento pode estimular o crescimento de cânceres.

Apesar dessa história bacana, Steve Horvath provou que as mudanças epigenéticas em idade avançada não são aleatórias. Elas continuam seguindo um padrão específico, quase como se o programa de desenvolvimento continuasse. Envelhecimento programado? Para se manterem sãos, os cientistas resolveram chamar esse padrão de "semiprogramado". Mas, seja qual for o motivo, a previsibilidade das alterações epigenéticas pode ser usada para determinar a idade biológica de uma célula. O relógio epigenético usa uma "etiqueta" epigenética específica chamada metilação, que é usada para desligar os genes. Os cientistas medem a quantidade de metilação em locais genéticos específicos e, como as alterações relacionadas à idade seguem um padrão, eles podem usar estatísticas para determinar a idade biológica com alta precisão. Por exemplo, as pessoas com idade epigenética maior do que a idade real correm mais risco de morrer cedo. Elas também têm um risco maior de contrair doenças relacionadas à idade, como doenças cardiovasculares, câncer e Alzheimer. Podem até *parecer* mais velhas, com pior desempenho em testes cognitivos e mais fracas fisicamente. Por outro lado, pessoas centenárias se mostram biologicamente mais jovens do que sua idade real, o que pode ser o motivo pelo qual ainda estão vivas: sua idade real pode ser 106 anos, mas o estado biológico de seu corpo é muito mais jovem do que isso.

De fato, as versões mais recentes do relógio epigenético funcionam tão bem que podem até ser usadas em outras espécies. Elas foram usadas primeiro em chimpanzés, mas agora há relógios epigenéticos que funcionam para todos os outros mamíferos. O que sugere que esses relógios medem algo muito fundamental sobre o processo de envelhecimento.

* * *

Os pesquisadores têm se ocupado com o uso de relógios epigenéticos para examinar todos os tipos de aspectos interessantes do envelhecimento desde que foram criados. Um exemplo é a maneira como o envelhecimento funciona em diferentes partes do corpo. Veja, do ponto de vista cronológico, todas as células e tecidos têm a mesma idade. Alguns tipos de células podem ter um tempo de vida *individual* curto, mas tais células são descendentes recentes das células-tronco — as células que produzem outras células. E, no final, todas as suas células descendem daquela primeira que era unicamente você, o óvulo fertilizado. O relógio epigenético corrobora esse fato, pois todas as células têm aproximadamente a mesma idade biológica. Isso significa que você pode usar todos os tipos de células diferentes de uma mesma pessoa — células cerebrais, células do fígado, células da pele — e o relógio epigenético mostrará a mesma idade biológica. Entretanto, *há* algumas exceções, e elas nos revelam algumas coisas fascinantes sobre o envelhecimento. Em especial, o tecido mamário das mulheres tende a ser biologicamente mais velho do que qualquer outro tecido estudado. Isso é instigante, pois o câncer de mama é o câncer mais comum em mulheres, custando milhões de vidas a cada ano. Estamos todos cientes de que o câncer de mama é uma grande ameaça, pois há muitos grupos de apoio e campanhas de arrecadação de fundos para essa doença. Mas não sei se alguém completamente alheio a isso poderia imaginar que um dos cânceres mais comuns fosse o de mama. Por que na mama e não em uma das dezenas de outros órgãos? Se o motivo for o fato de o tecido mamário envelhecer mais rapidamente, pelo menos teríamos alguma explicação. Na verdade, o envelhecimento celular prematuro deve estar envolvido: os estudos mostram que, quanto maior a idade epigenética do tecido mamário de uma mulher em comparação à sua idade real, maior o risco de câncer de mama. É claro que isso só levanta a próxima grande questão: por que o tecido mamário tende a envelhecer mais rapidamente? Na verdade, não sabemos. Mas quando encontrarmos a resposta, talvez possamos usá-la no desenvolvimento de terapias para o câncer de mama e na medicina preventiva. E, nesse processo, também será possível aprender algumas coisas sobre envelhecimento celular que podem ser aplicáveis de forma ampla.

No outro extremo do espectro, há também um tecido específico que tende a envelhecer mais *devagar* do que o resto do corpo. A parte do cérebro chamada cerebelo geralmente tem a idade epigenética mais baixa em uma pessoa. O cerebelo não é uma parte do corpo sobre a qual pessoas de fora da área da ciência ouvem falar muito. Talvez uma das razões seja o fato de que não há muita coisa que tende a dar errado aqui — pelo menos, o cerebelo é muito menos afetado por doenças relacionadas à idade do que o restante do cérebro. Novamente, não sabemos de fato o motivo, mas talvez os estudos sobre o envelhecimento no cerebelo possam nos ajudar a aprender como retardar o envelhecimento no restante do cérebro e diminuir o risco de doenças neurodegenerativas.

A vantagem feminina

As mulheres tendem a viver mais do que os homens e, em média, também têm idades epigenéticas mais baixas. Isso já fica evidente aos dois anos. A vantagem feminina é sobretudo evidente antes da menopausa. Até então, as mulheres parecem estar em parte protegidas contra doenças relacionadas à idade. E é somente após a menopausa que o perfil de risco feminino começa a convergir lentamente na direção do masculino. É interessante notar que as mulheres que passam pela menopausa mais tarde do que a média também tendem a viver mais do que a média. E o relógio epigenético nos dá uma ideia do motivo. As mulheres que têm seus ovários removidos cirurgicamente — e, portanto, entram na menopausa artificialmente cedo — têm idades biológicas mais altas do que o esperado. Por outro lado, as mulheres que retardam a menopausa com terapia hormonal têm idades biológicas mais baixas do que o esperado.

Infelizmente, a terapia hormonal aumenta o risco de câncer de mama; portanto, essa área é um pouco parecida com os telômeros. Se ao menos tivéssemos melhores terapias contra o câncer, poderíamos ter uma terapia antienvelhecimento altamente benéfica.

Você começou sua vida como uma única célula — o resultado da fusão entre o óvulo fornecido por sua mãe e o espermatozoide fornecido por seu pai. Após a fusão, o óvulo fertilizado começou a se dividir rapidamente, formando uma pequena bola de células. Todas essas células iniciais são o que os cientistas chamam de "pluripotentes", o que quer dizer que são células que mantêm a capacidade de se transformar em qualquer um dos mais de duzentos tipos de células que compõem seu corpo hoje. Entretanto, à medida que você se desenvolvia, suas células foram se especializando de maneira contínua, fechando as opções à medida que avançavam. Você pode imaginar isso como se estivesse subindo em uma grande árvore. No tronco, a célula mantém a capacidade de subir em qualquer galho que desejar. Até que, em determinada altura, a célula escolhe um ramo principal, e isso vai limitar os tipos de células que ela pode se tornar mais tarde. Ainda nessa subida, as opções vão sendo limitadas por cada escolha adicional, até que a célula termina em um ramo específico: é o "produto final", como são as células cerebrais, as células musculares ou as células da pele. Isso é o que chamamos de células terminalmente diferenciadas.

Antigamente, os cientistas pensavam que essa escalada fosse unidirecional: uma vez que a célula tivesse se comprometido com um destino específico, não haveria como reverter a decisão. Mas, então, o cientista japonês Shinya Yamanaka provou que todos estavam errados (e mais tarde ganhou o Prêmio Nobel de Medicina em 2012). Yamanaka demonstrou que as células com diferenciação terminal podem ser transformadas *de volta* em células pluripotentes. Ou seja, poderíamos pegar uma de suas células da pele e convencê-la a voltar até o tronco de nossa árvore hipotética. Yamanaka e seu grupo de pesquisa reiniciaram o desenvolvimento dessa forma usando quatro proteínas, que agora são chamadas de "fatores Yamanaka". Uma vez que esses fatores são ativados na célula, ocorre um "desdesenvolvimento", e a célula resultante é chamada de "célula-tronco pluripotente induzida". Ou seja, uma célula que foi induzida por pesquisadores a se tornar uma célula-tronco pluripotente, e que agora pode dar origem a todas as outras células.

Como já discutimos, as células-tronco pluripotentes *naturais* são encontradas no início da vida. Isso significa que a idade biológica delas é praticamente zero. Portanto, os cientistas se perguntaram se as células-tronco pluripotentes *induzidas* também eram jovens ou se ainda tinham a mesma idade das células adultas das quais foram derivadas. Usando o relógio epigenético, ficou claro que os fatores Yamanaka de fato retrocedem a idade biológica. Quando os cientistas usam os fatores Yamanaka em uma célula adulta, e ela se transforma gradualmente em uma célula-tronco pluripotente induzida, sua idade biológica se aproxima de zero. Exatamente como a idade de uma célula-tronco pluripotente *natural*. Isso é o mais próximo que chegamos do envelhecimento reverso da água-viva *Turritopsis*, que, na verdade, acredita-se que aconteça por meio de um mecanismo semelhante.

Pense nisso por um instante. Os fatores Yamanaka basicamente atrasam o relógio biológico. Poderíamos pegar uma célula de sua pele agora mesmo e usar os fatores Yamanaka para torná-la muito mais jovem do que o restante de você. Novamente, o antienvelhecimento celular e a imortalidade são uma realidade atual.

Porém, mais uma vez, a grande questão é até que ponto conseguimos transferi-lo para todo o organismo. Usar os quatro fatores de Yamanaka em todas as nossas células não é uma solução viável — isso faria com que cada célula descesse até o final da nossa árvore de desenvolvimento e acabaria no estado "bola de células". Não haveria células musculares, células cerebrais e assim por diante, e o corpo apenas se desintegraria. Em vez disso, os cientistas estão tentando usar os fatores Yamanaka em ritmo moderado. A ideia é que as células sejam rejuvenescidas, mas não a ponto de se tornarem células pluripotentes. Isso é chamado de "reprogramação celular" e, até o momento, ela vem apresentando resultados promissores em camundongos. Por exemplo, os primeiros cientistas que usaram a técnica descobriram que ela poderia aumentar a capacidade de regeneração de camundongos idosos. Desde então, outros pesquisadores têm usado a reprogramação celular em camundongos idosos para restaurar a visão da juventude. No entanto, esses cientistas fizeram ajustes no protocolo padrão em um esforço para reduzir o risco de câncer. Veja, a reprogramação celular apresenta o mesmo risco que os experimentos com telomerase. Só que, neste caso, o câncer é muito mais terrível. O que acontece é que as células que são "desdesenvolvidas" demais acabam se tornando células pluripotentes. Elas podem, então, começar a se desenvolver de novo, formando, no processo, um câncer chamado teratoma. Esse câncer imita o crescimento de um novo organismo, o que lhe confere algumas características assustadoras. O tumor é formado por todos os tipos de tecido. Muitas vezes, crescem fios de cabelo nos teratomas e, por alguma razão, também são encontrados dentes nascendo lá dentro. Alto risco, alta recompensa, certo?

Muitos cientistas e empresas estão, de fato, prontos para apostar na reprogramação celular. Não é difícil entender por quê. Muitas das outras terapias que discutimos envolvem a redução de algum tipo de dano ou a melhoria da capacidade de reparo. Isso significa que elas podem ser capazes de adiar o envelhecimento ou trazer alguma melhoria à saúde. Já a reprogramação celular sugere alguma forma de envelhecimento programado *e* uma maneira de controlar esse programa. Isso significa que ela promete a capacidade de retroceder e avançar a idade à vontade. Não sabemos como isso acontece, mas até mesmo a possibilidade é como encontrar um milhão de dólares jogados na calçada. E, é claro, se algum dia você vir algo assim, sugiro que corra bem rápido para chegar lá primeiro. Não é de surpreender que essa corrida pela calçada já tenha muitos participantes. Várias empresas apoiadas por bilionários e cientistas renomados foram lançadas nos últimos anos na busca da reprogramação celular em seres humanos. Destaca-se a start-up Altos Labs, do Vale do Silício, que é provavelmente a maior tentativa de combate ao envelhecimento já vista. Os investidores colocaram US$ 3 bilhões na empresa, embora não se saiba ao certo quem está por trás desse dinheiro. Há rumores de que várias das pessoas mais ricas do mundo, entre elas Jeff Bezos, estejam envolvidas. Como resultado, é difícil separar a lista de funcionários da Altos Labs dos autores citados na bibliografia deste livro. A empresa contratou muitos dos melhores pesquisadores de envelhecimento do mundo e está apostando que, com verba suficiente, conseguirá transformar a reprogramação celular em uma verdadeira Fonte da Juventude.

* * *

A reprogramação celular não é a única maneira pela qual os fatores Yamanaka e as células-tronco pluripotentes são relevantes na luta contra o envelhecimento. Como já discutimos, as células-tronco pluripotentes têm a capacidade de se transformar em qualquer tipo de célula do corpo. O que aconteceria, então, se aprendêssemos como as células normalmente se transformam, por exemplo, em células do músculo cardíaco, e depois induzíssemos as células-tronco pluripotentes a seguir nessa direção? Basicamente, poderíamos fabricar peças de reposição para o corpo. Seria possível pegar nossas células-tronco pluripotentes e, com o conhecimento certo, transformá-las em qualquer tipo de célula que precisássemos. Um transplante de rim não dependeria mais da bondade de familiares, amigos ou estranhos: um novo órgão poderia ser feito *com suas próprias células*. E, potencialmente, poderíamos criar órgãos "substitutos" para a velhice, em vez de tentar incansavelmente rejuvenescer os que já temos.

Embora isso possa parecer ficção científica, a pesquisa já está em andamento há décadas. Os cientistas estão tentando criar qualquer tipo de célula ou tecido que se possa imaginar — até mesmo células cerebrais. No entanto, como em grande parte da biologia, é tudo muito complicado. As células-tronco são difíceis de produzir, consomem muito tempo para serem cuidadas e as moléculas de sinalização usadas para estimular seu desenvolvimento costumam ser extremamente caras. Portanto, o progresso tem sido lento. Mas ele existe. Na verdade, o resultado de décadas de trabalho está enfim começando a se concretizar. Ainda levará algum tempo até que possamos fabricar órgãos substitutos inteiros compostos por estruturas complexas com muitos tipos de células diferentes. Mas houve muitos avanços na fabricação de tipos individuais de células. Por exemplo, cientistas de Harvard conseguiram produzir as chamadas células beta. São as células do pâncreas que produzem o hormônio insulina. Na diabetes tipo 1, as células beta são atacadas pelo sistema imunológico, que acaba por matá-las. Isso costumava ser fatal, mas hoje podemos fabricar insulina artificial para que os próprios pacientes possam assumir o trabalho das células beta. No entanto, monitorar o açúcar no sangue e injetar insulina é um grande incômodo e apenas trata os sintomas; não é uma cura. Mas, com o desenvolvimento de células beta a partir de células-tronco pluripotentes, a cura está próxima. De fato, um primeiro paciente já recebeu o transplante de células beta "artificiais" e foi curado do diabetes tipo 1.

No entanto, a tentativa com as células beta e outras semelhantes não fez uso de células-tronco pluripotentes *induzidas*. Em vez disso, eles usaram o que é chamado de células-tronco embrionárias. Essas células *não* são do próprio paciente, e sim células reais daquele estado de "bola de células" — o embrião. Como não são as próprias células da pessoa, elas podem causar problemas com o sistema imunológico. Se o sistema imunológico descobrir células estranhas, ele as atacará e matará. Isso pode ser perigoso, até mesmo fatal, para o paciente. E, claro, isso também anula um pouco o objetivo. Se o sistema imunológico matar as novas células, não teremos muito uso delas. Mas felizmente temos muita experiência com transplante de órgãos, então sabemos como manter o sistema imunológico sob controle.

E os cientistas também estão trabalhando para modificar as células-tronco para que o sistema imunológico não as identifique e ataque. No entanto, ainda resta uma última preocupação. As células-tronco embrionárias geralmente são derivadas de sobras de embriões criados para inseminação artificial. Isso significa que elas pertencem a um potencial ser humano que não nasceu, o que levanta um dilema ético: é correto usar essas células que são, em essência, de outro ser humano? Trata-se de uma discussão semelhante à das células de Henrietta Lacks. Os dois tipos de células ajudaram tremendamente no desenvolvimento de terapias médicas, salvando inúmeras vidas nesse processo. Mas, como sempre, o desenvolvimento tecnológico nos força a fazer considerações éticas e a refletir sobre nossos valores.

Além das células-tronco pluripotentes presentes durante o desenvolvimento, há também células-tronco no corpo adulto. No entanto, a grande maioria delas não é "pluripotente", mas "multipotente". Isso significa que elas podem criar vários tipos de células, mas não todos. As células-tronco adultas têm a tarefa de substituir as células que são constantemente perdidas, seja por danos ou devido à troca normal de células. Por exemplo, a camada mais externa do intestino é substituída a cada quatro dias, as células da pele são substituídas em um período de dez a trinta dias, e os glóbulos vermelhos do sangue vivem aproximadamente 120 dias. Nem todos os tipos de células são substituídos com essa frequência; apenas 10% das células dos ossos são substituídos a cada ano, por exemplo, e algumas células, como as cerebrais, normalmente duram a vida inteira. Mas a regra geral é que suas células precisam ser substituídas ocasionalmente, o que torna as células-tronco adultas importantes.

Na verdade, suas células-tronco determinam sua capacidade de regeneração em nível de tecido. A autofagia e processos semelhantes de reciclagem ou reparo ajudam as células individuais a se recuperarem de danos. Mas, em nível tecidual, o reparo e a manutenção ficam a cargo das células-tronco. No entanto, como em muitos outros mecanismos de reparo no corpo, a capacidade das células-tronco se deteriora com o tempo. À medida que envelhecemos, as células-tronco tornam-se passivas e sofrem uma piora na produção de novas células para substituir as perdidas. Esse fenômeno é normalmente chamado de "exaustão das células-tronco". O resultado é que, à medida que envelhecemos, ficamos piores na recuperação de lesões e, por fim, nem mesmo a manutenção normal pode ser mantida. Por exemplo, as células-tronco responsáveis pela produção de novas células imunológicas pioram com o tempo, e essa é uma das razões pelas quais pessoas idosas têm sistemas imunológicos mais frágeis. Elas também demoram mais para se recuperar de lesões ou cirurgias, além de terem um risco maior de complicações de longo prazo, tudo porque a capacidade de regeneração piora à medida que as células-tronco sucumbem.

Portanto, ao mesmo tempo em que concebemos a substituição de órgãos inteiros por órgãos novos feitos de células-tronco pluripotentes, poderíamos também substituir células-tronco adultas para aumentar a capacidade regenerativa. Mesmo que pareça uma picaretagem hollywoodiana, é possível imaginar injeções de células-tronco sendo aplicadas no combate ao envelhecimento. Essa abordagem foi desenvolvida especialmente para o que chamamos de células-tronco mesenquimais. As células-tronco que produzem células de osso, músculo, cartilagem e gordura. Em um experimento, os pesquisadores isolaram células-tronco mesenquimais de camundongos jovens e as injetaram em camundongos idosos. Originalmente, a pesquisa tinha o objetivo de examinar se as injeções de células-tronco mesenquimais poderiam ser um tratamento para a osteoporose, uma doença da velhice em que os ossos perdem densidade e ficam mais fracos. Uma das explicações para essa doença pode ser o fato de que as células-tronco não produzem as células necessárias para a manutenção. Para a surpresa dos pesquisadores, porém, o tratamento não afetou apenas a saúde dos ossos. Na verdade, ele também fez com que os camundongos vivessem mais. Embora isso não queira dizer necessariamente que seja benéfico para pessoas da mesma maneira, alguns cirurgiões plásticos já usam células-tronco mesenquimais para regenerar a pele danificada pelo sol, enquanto há clínicas que oferecem tratamentos para várias lesões esportivas com células-tronco mesenquimais.

Portanto, seja na reprogramação celular, na substituição de órgãos ou nas injeções de células-tronco, não há dúvida de que a pesquisa com células-tronco fornecerá muitas terapias futuras contra o envelhecimento.

Capítulo 13

Sangue bom

No início da década de 1920, um aflito cientista soviético vagava por Moscou com grandes visões sobre o futuro da humanidade.

Alexander Bogdanov, como era chamado, era um escritor, filósofo, médico e comunista convicto — não aquele do tipo que temia acabar na Sibéria, mas alguém que fazia até mesmo os camaradas mais orgulhosos corarem. Inspirado por seus próprios romances de ficção científica, seus ideais políticos e seus estudos sobre organismos unicelulares, Bogdanov estava convencido de que os seres humanos deveriam compartilhar sangue entre si. Seria um passo necessário em direção à sociedade comunista ideal, e Bogdanov suspeitava que seria também uma cura para o envelhecimento. Sempre um homem de ação, ele usou de sua influência política no Kremlin e logo teve a oportunidade de fundar um instituto para transfusões de sangue em Moscou. Bogdanov não perdeu tempo e começou a realizar transfusões imediatamente usando a si mesmo como uma das cobaias, é claro.

No início, tudo correu conforme o planejado. Bogdanov participou de dez transfusões de sangue ao longo de dois anos e as considerou um sucesso. Um amigo chegou a comentar que Bogdanov parecia dez anos mais jovem do que sua idade real. No entanto, um dia, a sorte de Bogdanov acabou e sua décima primeira transfusão de sangue deu terrivelmente errado. Até hoje, ainda não sabemos ao certo o que aconteceu. O parceiro da transfusão de sangue tinha malária e tuberculose, Bogdanov teve uma reação imunológica ao próprio sangue, e isso foi acontecer logo em um país onde as figuras políticas faziam dos assassinatos mais criativos e imaginativos possíveis uma virtude.

Independentemente do que aconteceu, Bogdanov morreu duas semanas após a transfusão de sangue, aos cinquenta e quatro, após complicações nos rins e no coração.

* * *

Alexander Bogdanov não foi nem de longe o primeiro cientista a fazer experimentos com transfusões de sangue. E, de fato, seu nível de excentricidade também não era tão incomum nesse campo. Os experimentos de transfusão sanguínea começaram em 1864, quando o cientista francês Paul Bert achou que seria uma boa ideia costurar dois camundongos — provavelmente, ao menos em parte, para mostrar que era possível. Esse experimento desagradável valeu a pena, pois Bert descobriu como os sistemas circulatórios dos camundongos se fundiam automaticamente após a operação, ou seja, os camundongos unidos começaram a compartilhar sangue. Esse fenômeno peculiar foi batizado de parabiose e, nas décadas seguintes, outros cientistas também se aventuraram nisso. Entre outras coisas, seus experimentos ajudaram a abrir caminho para transplantes de órgãos bem-sucedidos.

No entanto, apesar das muitas pessoas excêntricas envolvidas, foram necessários quase cem anos desde os experimentos iniciais de Bert para que os cientistas pesquisassem o uso da parabiose no combate ao envelhecimento. O pesquisador norte-americano Clive McCay foi um dos primeiros ao tentar unir pares de camundongos velhos e jovens para ver como eles afetariam uns aos outros. No entanto, esses experimentos nunca foram longe e logo caíram no esquecimento.

Mas, em 2005, o conceito ressurgiu em um grupo de pesquisa da Universidade de Stanford. Mais uma vez, os cientistas costuraram dois camundongos de idades diferentes. Eles descobriram que a união aumentava a capacidade regenerativa do camundongo mais velho — rejuvenescia-o — ao mesmo tempo em que enfraquecia o camundongo mais jovem. Em outras palavras, os dois camundongos pareciam convergir para o estado físico um do outro quando compartilhavam sangue. Essa descoberta poderia fazer sentido em um romance de fantasia de vampiros, mas os cientistas ficaram bastante intrigados. Como o sangue poderia, de alguma forma, transferir a capacidade regenerativa? Alguns acreditavam que as células-tronco jovens teriam viajado, saindo do camundongo jovem e se instalando no camundongo velho. Essas células-tronco jovens poderiam, então, explicar por que o camundongo velho subitamente se saiu melhor. Entretanto, não foi esse o caso. Na verdade, a regeneração vem das próprias células-tronco do camundongo velho. Parece que o sangue jovem pode, de alguma forma, fazer com que as células-tronco antigas se animem e comecem a agir como jovens novamente. O efeito também não tem nada a ver com as células sanguíneas, pois os estudos mostram que tudo o que é preciso para o rejuvenescimento acontecer é o *plasma* sanguíneo — o sangue sem as células. O fluido restante está repleto de todos os tipos de hormônios e nutrientes, além de várias proteínas. Já sabemos que a composição do plasma sanguíneo muda à medida que envelhecemos, mas muitos cientistas acreditavam que isso seria apenas um efeito posterior do envelhecimento. Os experimentos de parabiose oferecem uma pista de que a seta da causalidade também pode apontar para o outro lado: talvez as alterações no plasma sanguíneo *contribuam* para o envelhecimento, em vez de apenas acompanhá-lo.

★ ★ ★

A notícia do rejuvenescimento através de sangue jovem não passou despercebida pelos empresários. Afinal de contas, seria muito fácil pagar alguns jovens para doar sangue e depois vendê-lo para idosos milionários com altas margens de lucro. Transfusões de sangue são um procedimento médico comum; portanto, também não seria difícil encontrar pessoal qualificado. Uma empresa dos Estados Unidos com esse exato plano de negócios, chamada Ambrosia (nenhuma relação com a sobremesa), abriu suas portas em 2016. Mas foi fechada depois que a agência federal norte-americana Food and Drug Administration emitiu um aviso de advertência. Simplesmente ainda não sabemos o suficiente sobre esse produto para declarar qualquer tipo de benefício médico. As alegações sobre "imortalidade" também não fizeram bem para a credibilidade da empresa.

Felizmente, outras empresas estão usando essa pesquisa de forma mais rigorosa. Elas esperam identificar quais fatores no sangue jovem são responsáveis pelo efeito rejuvenescedor observado em camundongos idosos. Sabemos que não podem ser as células, então o mais provável é que seja algum tipo de proteína solúvel. Se tivermos sorte, será uma única proteína, ou apenas algumas. Se não tivermos sorte, será um daqueles labirintos biológicos impossíveis em que tudo afeta todo o resto. Se for esse o caso, a solução pode ser se ater ao plasma sanguíneo em vez de tentar esmiuçá-lo ainda mais. Atualmente, há ensaios clínicos investigando essas duas abordagens. Alguns já foram até concluídos e publicados. Houve um estudo, por exemplo, em que pacientes com Alzheimer receberam plasma sanguíneo de pessoas jovens. E... que rufem os tambores... não funcionou.

A pesquisa sobre sangue jovem ainda está em andamento, mas os novos estudos lançam dúvidas sobre o que exatamente explica o efeito rejuvenescedor. Certamente é possível que o sangue jovem contenha o que poderíamos chamar de "fatores antienvelhecimento" — moléculas que nos mantêm jovens. Mas, ao que parece, a constituição do sangue *velho* pode ser mais relevante. Os estudos mostram que, na verdade, não é necessário substituir sangue velho por sangue jovem para rejuvenescer camundongos velhos. Você pode obter o mesmo efeito ao substituir o sangue por uma solução salina simples contendo um pouco de proteína. Ou seja, os camundongos velhos são rejuvenescidos da mesma forma se simplesmente retirarmos um pouco de sangue e substituirmos este fluido por água salgada contendo proteínas. Isso sugere que o que realmente importa nesses experimentos não é o que se acrescenta, mas o que se *retira*. O sangue velho deve conter "fatores pró-envelhecimento" que sobrecarregam os camundongos e que trazem benefícios caso sejam retirados.

Essa descoberta é especialmente interessante porque conhecemos um experimento natural em humanos com o qual podemos compará-la: a doação de sangue. Em uma doação de sangue típica, você perde por volta de meio litro de sangue. Inicialmente, seu corpo substituirá o volume de sangue perdido por fluidos do resto do corpo e, nas semanas seguintes, ele reabastecerá as células sanguíneas e vários componentes do sangue. Isso significa que os doadores de sangue têm uma experiência semelhante à dos camundongos idosos nos experimentos com solução salina. Se a remoção ocasional de parte do sangue tiver algum tipo de efeito de prolongamento da vida, deveríamos ser capazes de detectá-lo nos doadores de sangue. Um estudo dinamarquês procurou exatamente esse efeito e o encontrou. Acontece que os doadores de sangue realmente vivem mais do que as outras pessoas. Esse efeito persiste mesmo quando se leva em conta o fato de que os doadores de sangue podem ser mais saudáveis como parâmetro. Afinal de contas, eles estavam bem o suficiente para poderem doar sangue. E, curiosamente, o efeito fica mais forte quanto mais doações de sangue o doador faz. É certo que o efeito é moderado — você não vai viver para sempre porque começou a doar sangue. Mas como doar sangue é sempre uma boa ideia, vale a pena considerar.

A sangria está de volta

A conexão entre sangria e saúde não é nova. Durante grande parte da história, a sangria era uma prática médica comum, mas, por algum motivo, era frequentemente realizada por barbeiros. Costumava ser normal ir ao barbeiro para cortar o cabelo e, em seguida, tirar um pouco de sangue. Na verdade, a linha vermelha nos postes de barbearia representa o sangue que costumava ser coletado nesses locais. Naquela época, as pessoas prescreviam todos os tipos de benefícios para a saúde com a coleta regular de sangue, mas a crença era baseada na sabedoria popular, não em pesquisas científicas. Como resultado, a sangria era usada para *tudo*. Até mesmo para ferimentos de bala.

Então de onde poderiam vir os benefícios para a saúde da doação de sangue? Uma possibilidade é a boa e velha hormese. Perder meio litro de sangue é um fator de estresse para o corpo, e é fácil imaginar que evoluímos para lidar com isso. Hoje em dia, é raro perdermos sangue, mas as pessoas costumavam ter todos os tipos de parasitas intestinais sugadores de sangue, bem como uma tendência a lutar uns com os outros utilizando vários objetos pontiagudos. No entanto, como já discutimos, também é possível que o sangue velho contenha "fatores pró-envelhecimento" — certas moléculas que, de alguma forma, promovem o envelhecimento e das quais nos beneficiamos ao nos livrarmos. Se esse for o caso, há milhares de possíveis culpados. Mas um dos mais interessantes é o ferro.

Funciona da seguinte forma: quando você doa sangue, perde muitos glóbulos vermelhos. Essas células são usadas para transportar oxigênio dos pulmões para todo o corpo. Os glóbulos vermelhos transportam o oxigênio por meio de uma proteína específica chamada hemoglobina, e dentro de cada proteína da hemoglobina há moléculas de ferro. De fato, é o ferro que dá aos glóbulos vermelhos — e, por extensão, ao próprio sangue — a cor vermelha. Portanto, ao doar sangue, você perde muitos glóbulos vermelhos contendo ferro, e eles precisam ser substituídos. Ao produzir novos glóbulos vermelhos, você utiliza o ferro dos depósitos celulares para produzir hemoglobina e, sendo assim, a doação de sangue reduz os níveis de ferro.

Agora, a perda excessiva de ferro pode não parecer particularmente saudável. Afinal, o normal é que as pessoas sejam alertadas sobre os problemas de se ingerir *pouco* ferro. Mas a verdade é que algumas vezes o ferro aparece em circunstâncias bastante terríveis. Por exemplo, pessoas com Alzheimer e Parkinson têm quantidades anormais de ferro nas áreas doentes do cérebro, e o Alzheimer avança mais rápido em pessoas com níveis particularmente altos de ferro no cérebro. Da mesma forma, há quantidades anormais de ferro na placa que se acumula nos vasos sanguíneos à medida que envelhecemos, e isso pode causar ataques cardíacos e derrames. Inclusive houve um estudo clínico randomizado em que os médicos reduziram o risco de câncer das pessoas ao diminuir seus níveis de ferro pela coleta de sangue. O estudo teve 1.300 participantes, que foram divididos em dois grupos. Em um deles, o sangue era coletado periodicamente, e no outro não. Quando o estudo foi concluído, os casos de câncer eram 35% menores entre os participantes que faziam coletas de sangue com regularidade. E os participantes do grupo que coletou sangue e que tiveram câncer obtiveram 60% a mais de chance de sobreviver.

Os estudos genéticos também reforçam a associação entre o metabolismo do ferro e a longevidade. Você se lembra dos Estudos de Associação Genômica Ampla (GWAS) que mencionamos? São estudos em que os cientistas identificam quais variantes genéticas são responsáveis por nossas diferentes características. Aprendemos que as variantes genéticas que afetam o sistema imunológico, o crescimento, o metabolismo e a geração de células zumbis estão associadas ao envelhecimento. Mas, além disso, esses estudos também associam isso ao ferro. Pelo menos as pessoas geneticamente propensas a ter níveis mais altos de ferro parecem morrer mais cedo do que as outras. Essa descoberta é respaldada por medições no sangue. Em um estudo com 9 mil dinamarqueses, os cientistas analisaram uma proteína chamada ferritina, que é responsável pelo armazenamento de ferro em nossos corpos. Quanto mais ferro houver em seu corpo, mais altos serão os níveis de ferritina. E, no estudo dinamarquês, os pesquisadores descobriram que níveis altos de ferritina estavam associados a um risco maior de morte precoce, especialmente entre os homens.

Agora, tudo isso não significa que *baixos* níveis de ferro não sejam perigosos também. São, sim, perigosos, em especial para mulheres na pré-menopausa que perdem um pouco de sangue — e, portanto, de ferro — todos os meses. No entanto, o perigo do excesso de ferro expõe uma falha na maneira como geralmente pensamos em saúde. *Mais é melhor.* As pessoas tomam todos os tipos de suplementos — por que não obter um pouco mais de tudo? Esse também é o raciocínio por trás do uso de multivitamínicos. Talvez estejamos com uma deficiência, então é melhor obter um pouco mais de *tudo*. Infelizmente, a biologia não funciona assim. Um bom exemplo de como essa abordagem é falha é apresentado em um grande estudo chamado Iowa Women's Health Study. Nesse estudo, os cientistas acompanharam 39 mil mulheres e descobriram, entre outras coisas, que aquelas que tomavam suplementos de ferro tinham um risco maior de morrer mais cedo do que aquelas que não tomavam. O mesmo ocorreu com as que tomavam uma pílula multivitamínica, que, obviamente, contém ferro.

Para ser justo, a razão pela qual a abordagem do "mais é melhor" não causa problemas com mais frequência é que nosso corpo faz um ótimo trabalho ao regular a maioria dos nutrientes e vitaminas. Em muitos casos, seu corpo pode excretar algo em caso de ingestão excessiva. Mas o ferro é uma das exceções. Na verdade, seu corpo não tem um sistema para excretar o excesso de ferro. Você perde um pouco passivamente por meio do suor, das células mortas e do sangramento, mas não há um mecanismo específico que bombeie para fora o ferro se você de repente o tiver em excesso. Isso provavelmente se deve ao fato de que o excesso de ferro nunca foi um problema no passado, graças a uma ingestão menor de alimentos, parasitas intestinais sugadores de sangue e sangramentos mais frequentes. Hoje, porém, a história é outra, e os homens, especialmente, podem ter uma propensão a acumular ferro com a idade. Um exemplo extremo é a doença genética hemocromatose hereditária. Essa doença faz com que as pessoas afetadas absorvam mais ferro do que o normal dos alimentos. Se não forem diagnosticadas e tratadas, as pessoas com hemocromatose acabam tendo níveis altíssimos de ferro. Como resultado, elas geralmente morrem cedo de câncer ou complicações cardíacas e, antes disso, começam a sofrer de todos os tipos de males, como diabetes, fadiga e dores nas articulações. A menos que os níveis de ferro sejam reduzidos por meio de coleta de sangue, o que torna a condição inofensiva.

Maldição celta ou doença viking?

A hemocromatose hereditária (HH) é encontrada quase que exclusivamente em europeus. Ela já foi apelidada de "maldição celta" por haver uma incidência particularmente alta da doença na Irlanda. Outra teoria é que a doença teria sido disseminada pelos vikings. Há uma alta frequência de HH na Escandinávia também, e os cientistas notaram que a frequência da doença tende a ser alta em áreas invadidas e colonizadas pelos vikings. Como em muitas outras doenças genéticas, o desenvolvimento da HH requer que você herde de pai e mãe uma versão mutante do gene associado. Se você herdar apenas uma variante genética da HH, não terá problemas. Obviamente, a HH não é evolutivamente vantajosa, mas os cientistas suspeitam que a variante genética possa ter se tornado comum mesmo assim, pois é possível que haja benefícios em se ter uma única cópia. Ou seja, talvez a variante genética HH tenha persistido porque aqueles com uma única cópia se saíram melhor do que a média das pessoas, embora aqueles com duas cópias tenham se saído pior. O benefício em questão poderia ser ajudar os agricultores a sobreviver com dietas ricas em grãos, que são pobres em ferro. Mas há outras possibilidades também. O mecanismo poderia vir do fato de que níveis ligeiramente mais altos de ferro levam a um maior volume de glóbulos vermelhos e, portanto, a uma maior capacidade aeróbica.

Por exemplo: um estudo descobriu que 80% dos atletas franceses que ganham medalhas em competições de nível internacional têm uma única versão da variante genética HH, ainda que um número muito menor de franceses não atletas tenha essa variante. E outros estudos mostraram que ser portador de uma cópia da variante genética HH está associado a uma melhor resistência física em comparação com os não portadores.

Deve haver uma razão para que o excesso de ferro apareça onde não deveria. Uma possibilidade é o fato de que o ferro promove a formação de radicais livres. É bem sabido que o ferro estimula nosso touro metafórico na loja de porcelana. Sim, aprendemos que os radicais livres não são um problema tão grande quanto os cientistas pensavam. Em doses baixas, eles são até benéficos, pois atuam por meio da hormese. Entretanto, como sempre, a hormese tem a ver com a dose. Se você exceder o nível de dano que o corpo é capaz de reparar, o fator de estresse se torna prejudicial e reduz a expectativa de vida.

Mas há outra possibilidade que também pode explicar a conexão entre ferro e longevidade: os microrganismos *adoram* ferro. Ele é necessário para todas as criaturas vivas, e os micróbios, como bactérias e fungos, não são exceção. De fato, o ferro funciona quase como fertilizante para o crescimento de bactérias. A diferença entre uma infecção inofensiva e uma infecção com risco de vida pode estar na capacidade de obtenção de ferro da bactéria causadora — ou na quantidade de ferro disponível. Isso é a causa de alguns problemas em países subdesenvolvidos, onde muitas crianças têm deficiência de ferro. Crescer com deficiência de ferro pode prejudicar o crescimento e o desenvolvimento cognitivo, por isso a Organização Mundial de Saúde (OMS) recomenda o uso de suplementos de ferro para combater a deficiência. No entanto, eles podem ter a desvantagem de aumentar o risco de as crianças contraírem malária e várias infecções bacterianas, e podem também aumentar a gravidade da doença após a infecção.

Na verdade, a evolução já incorporou esse conhecimento em nossos corpos. O acesso ao ferro é um dos campos de batalha mais importantes no combate às infecções. Se o sistema imunológico detecta uma infecção, o corpo logo aumenta a produção da proteína de armazenamento de ferro, a ferritina. Dessa forma, o ferro pode ser retido em algo que funciona basicamente como uma gaiola molecular que impede que os micróbios o acessem. Da mesma forma, as infecções também fazem com que seu corpo aumente a produção de uma proteína chamada hepcidina, que bloqueia a absorção de ferro dos alimentos. Portanto, talvez seja hora de darmos uma olhada mais de perto no mundo dos micróbios.

Capítulo 14

A luta contra os micróbios

Em 1847, o médico húngaro-alemão Ignaz Semmelweis se arrastava por Viena com a consciência pesada.

Semmelweis era obstetra, um médico especializado em gravidez e parto, e coordenava a ala materna do Hospital Geral de Viena. O hospital havia criado duas clínicas para oferecer atendimento gratuito de assistência à maternidade para as mulheres pobres da cidade. Em contrapartida, uma das clínicas era utilizada no treinamento de novas parteiras, enquanto a outra era usada para treinar novos médicos.

Para a consternação de Semmelweis, havia uma grande diferença nas taxas de mortalidade materna entre as duas clínicas. No centro de treinamento das parteiras, 4% das mães morriam durante o parto; mas, no centro de treinamento de novos médicos, mais de 10% das mães morriam. A causa era uma doença misteriosa chamada "febre puerperal".

As mulheres pobres de Viena estavam bem cientes das diferentes taxas de mortalidade. Elas imploravam e pediam para serem levadas à clínica mais segura quando entravam em trabalho de parto. Algumas até preferiam dar à luz na rua a correr o risco de acabar nas mãos dos jovens médicos.

Semmelweis estava profundamente insatisfeito com a situação e fez de tudo ao seu alcance para identificar a causa. Ele tentou alinhar todos os procedimentos e instrumentos entre as duas clínicas, mas as taxas de mortalidade não mudavam.

Um dia, um amigo de Semmelweis, Jakob Kolletschka, foi cortado acidentalmente pelo bisturi de um estudante enquanto realizava uma autópsia. O corte causou uma infecção grave em Kolletschka e, pouco tempo depois, ele faleceu. Em sua autópsia, os médicos encontraram semelhanças suspeitas com as mulheres que sofriam da "febre puerperal" e, enfim, veio o estalo para Ignaz Semmelweis.

Naquela época, era normal que os médicos passassem diretamente da realização de autópsias para os partos, ou seja, da abertura de pessoas mortas para a assistência a mulheres em trabalho de parto. Semmelweis se convenceu de que havia uma correlação; ele percebeu que os médicos transferiam "partículas cadavéricas" dos corpos para as mulheres grávidas. Depois de alguma reflexão, ele sugeriu que as partículas poderiam ser removidas ao lavarem as mãos com hipoclorito de cálcio (o "cloro" usado atualmente para desinfetar piscinas). De imediato, ele tornou obrigatório que todos os médicos do hospital lavassem as mãos antes de se aproximarem das mulheres em trabalho de parto.

A nova iniciativa proporcionou o avanço que Semmelweis buscava, e a taxa de mortalidade no hospital despencou. Em abril, pouco antes da introdução da lavagem das mãos, 18,7% das gestantes faleceram. Em junho, apenas 2,2% morreram. E em julho, as taxas de mortalidade haviam caído para 1,2%.

Semmelweis logo começou a relatar sua descoberta à comunidade médica. Aquilo era um divisor de águas e poderia salvar inúmeras vidas. Entretanto, para a surpresa de Semmelweis, a recepção foi, em sua maioria, hostil. Alguns médicos ficaram profundamente ofendidos com a sugestão de que eles não eram asseados. Outros apontaram que as observações de Semmelweis não se encaixavam nas teorias científicas proeminentes da época.

Um dos críticos foi o respeitado obstetra dinamarquês Carl Levy, que também lutava contra as altíssimas taxas de mortalidade materna em Copenhague. Levy escreveu que era absurdo pensar que uma coisa microscopicamente pequena — tão pequena que nem se podia *vê-la* — poderia causar uma doença tão grave. Os números de Viena devem ter sido uma casualidade.

Durante anos, o pobre Semmelweis lutou contra as críticas que recaíam sobre ele vindas de todas as direções. Ele escreveu carta após carta para figuras proeminentes do meio médico, mas sem sucesso. A resistência acabou deixando-o tão furioso que ele acusou seus oponentes de serem assassinos. Em pouco tempo, ele direcionava qualquer conversa que tinha para mortalidade materna e lavagem de mãos.

Com o passar do tempo, o estado mental de Semmelweis começou a se deteriorar. Em 1861, ele desenvolveu uma depressão grave e logo em seguida começou a sofrer colapsos nervosos. Alguns anos depois, foi internado em uma instituição psiquiátrica. Lá, ele foi espancado pelos guardas, desenvolveu uma infecção e, ironicamente, morreu de envenenamento do sangue aos quarenta e sete anos.

⋆ ⋆ ⋆

Felizmente, a microbiologia estava avançando na época da morte de Semmelweis. Uma tríade de cientistas das "três potências" europeias — França, Grã-Bretanha e Alemanha — ajudou a estabelecer a teoria de que os micróbios podem causar doenças. Primeiro, o francês Louis Pasteur provou que os micróbios não surgem do nada, como se acreditava na época. Ele também descobriu que os micróbios são responsáveis pela fermentação da cerveja e do vinho (o processo que produz o álcool), e que fazem os alimentos apodrecerem.

A deterioração dos alimentos pode ser evitada de três maneiras diferentes, demonstrou Pasteur: pela utilização de calor elevado (pasteurização), filtragem ou aplicação de soluções químicas. Isso deu uma ideia ao cirurgião inglês Joseph Lister. Naquela época, os pacientes geralmente se infectavam após as cirurgias. Lister pensou que soluções químicas poderiam ser usadas para evitar isso e desenvolveu métodos para esterilizar equipamentos cirúrgicos e ferimentos. Posteriormente, o cientista alemão Robert Koch desenvolveu métodos para cultivar bactérias em laboratório e, enfim, começou a associar bactérias específicas ao desenvolvimento de determinadas doenças, como tuberculose, cólera e antraz.

É claro que todo esse progresso se deu sob constante ataque crítico, mas, com o tempo, as evidências se tornaram irrefutáveis. Até mesmo os críticos mais teimosos tiveram que se render.

Talvez seja difícil para nós hoje em dia entender como as pessoas costumavam acreditar que as bactérias surgiam do nada, ou como os médicos achavam que não havia problema em transitar entre cadáveres e pacientes sem lavar as mãos. Mas a forte oposição a novas ideias é algo que sempre nos rodeia.

Atualmente, desenvolvemos um arsenal de armas contra micróbios. Temos antibióticos que podem matar quase todas as bactérias que antes nos atormentavam. Temos vacinas que podem nos proteger de doenças que costumavam ser mortais ou incapacitantes. E temos muito conhecimento sobre higiene, vias de infecção e esterilização.

Em determinado momento, parecia até que poderíamos declarar a vitória final em nossa antiga batalha contra os micróbios.

Mas será que isso é verdade?

* * *

No início da década de 1980, em Perth, na Austrália, um patologista chamado Robin Warren notou algo estranho em amostras de laboratório de pacientes com úlcera péptica. Ao examiná-las de perto, era possível ver pequenas bactérias em forma de espiral em todas elas. Warren procurou um jovem médico chamado Barry Marshall, que começou a investigar o quanto antes.

Naquela época, as pessoas *sabiam* que as úlceras pépticas eram causadas pelo estresse. Elas certamente não tinham nada a ver com bactérias. A maioria dos cientistas presumia que as bactérias em forma de espiral encontradas por Robin Warren deviam ter se originado no laboratório. Provavelmente as amostras haviam sido contaminadas. Entretanto, Warren e Marshall não estavam convencidos, e decidiram continuar estudando os misteriosos micróbios.

A primeira etapa foi isolar as bactérias e cultivá-las em laboratório. Os dois cientistas reuniram 100 pacientes com úlceras pépticas e fizeram biópsias de todos eles. No entanto, todo o esforço foi um fracasso, pois nenhuma colônia bacteriana cresceu a partir das amostras. E foi assim em sucessivas tentativas, até que a sorte finalmente apareceu para os australianos. Em geral, as amostras dos pacientes eram deixadas crescendo em placas de Petri por dois dias, como era o costume na época. Mas, em uma ocasião, uma das placas de Petri foi deixada por seis dias inteiros porque os cientistas estavam de folga na Páscoa. Esse foi o tempo suficiente para o desenvolvimento de uma colônia de bactérias em forma de espiral.

Warren e Marshall estavam convencidos de que haviam encontrado a verdadeira causa das úlceras pépticas. Não era estresse, dieta, falta de exercícios nem qualquer outra coisa que os livros didáticos afirmavam. Na verdade, tudo se devia a essas pequenas bactérias em forma de espiral.

Os dois australianos compartilharam sua descoberta com todos que quisessem ouvir, mas a recepção foi, em sua maioria, fria. Seus colegas argumentaram que as doenças bacterianas eram coisa do passado; todas elas tinham sido identificadas havia décadas e curadas com a invenção de antibióticos. Agora, os cientistas estavam trabalhando com teorias muito mais sofisticadas. Não era mais legal procurar bactérias — e, aliás, não tinha como ser tão simples quanto Warren e Marshall afirmavam. As bactérias jamais conseguiriam sobreviver ao corrosivo ácido gástrico.

Além disso, todos já *sabiam* o que causava as úlceras pépticas, e havia um grande mercado especializado em aliviar os sintomas com antiácidos. Na época, de 2 a 4% dos norte-americanos carregavam antiácidos nos bolsos; portanto, aquilo era um *grande negócio*.

* * *

Ao que parece, Warren e Marshall não foram os primeiros cientistas a postular uma ligação entre a infecção e as úlceras pépticas. No final do século XIX, vários pesquisadores observaram bactérias em amostras de laboratório de pacientes com úlcera péptica. E, no início do século seguinte, pesquisadores japoneses chegaram a provocar úlceras pépticas em porquinhos-da-índia usando algumas bactérias suspeitas em forma de espiral que haviam isolado de gatos.

No entanto, a teoria nunca se consolidou, e a última esperança foi extinta na década de 1950, quando um famoso patologista decidiu testá-la. Ele procurou por bactérias em pacientes com úlcera péptica, mas não encontrou nenhuma porque havia adotado o método errado.

Depois disso, a ideia foi riscada da pauta científica, embora tenha ressurgido ocasionalmente — quando, por exemplo, um médico grego tratou sua própria úlcera péptica com antibióticos e utilizou com sucesso o mesmo método em seus pacientes. No entanto, nenhuma revista científica quis publicar suas descobertas ou qualquer empresa farmacêutica se interessou pelo tratamento. Como agradecimento, as autoridades gregas multaram o médico e o levaram ao tribunal.

Portanto, a oposição à teoria bacteriana das úlceras pépticas não era novidade. Warren e Marshall conseguiram convencer alguns microbiologistas que consideravam as bactérias as coisas mais fascinantes do mundo. Mas, fora isso, a teoria dos dois foi soterrada por publicações e mais publicações mencionando estresse, dieta, ácido gástrico, e assim por diante.

O fato de os dois australianos terem tido problemas para demonstrar sua teoria em animais não ajudou. Quando tentavam infectar qualquer coisa, de porquinhos-da-índia a camundongos, as bactérias em forma de espiral simplesmente se recusavam a se estabelecer.

Com o tempo, Warren e Marshall ficaram desesperados. Eles sabiam que estavam no caminho certo, e conseguiam até curar seus pacientes com antibióticos. E o restante dos médicos do mundo também conseguiriam, mas somente se Warren e Marshall pudessem convencer as autoridades necessárias. A única opção era provar sua teoria em humanos de uma vez por todas. Mas como?

Com a pura audácia australiana, Barry Marshall decidiu usar a si mesmo como cobaia. Ele isolou as bactérias em forma de espiral de um paciente, deixou-as crescer em uma cultura e depois as engoliu. Passados alguns dias, ele ficou muito doente. Dez dias depois, a bactéria havia se espalhado por todo o seu estômago, dando a ele um precursor das úlceras pépticas. E, após cuidadosa documentação, Marshall tomou antibióticos para erradicar a infecção e se curar.

A ousada experiência pessoal foi o bastante para que o jogo enfim virasse a favor dos australianos. Mais dez anos se passariam até que a última resistência naquela área de pesquisa fosse eliminada (e a patente dos antiácidos expirasse). Entretanto, a bactéria em espiral, *Helicobacter pylori*, foi aos poucos sendo reconhecida como a principal causa das úlceras pépticas e também como a causa da maioria dos casos de câncer de estômago.

Foi uma doce vitória para os obstinados australianos. Em 2005, Robin Warren e Barry Marshall receberam a maior honraria da ciência por sua descoberta: o Prêmio Nobel.

Antigamente, nossa compreensão de como os micróbios causavam doenças era mais ou menos assim: você é infectado por um micróbio específico, uma bactéria ou um vírus, por exemplo, e em seguida desenvolve uma doença relacionada. Essa foi uma das razões pelas quais Robin Warren e Barry Marshall encontraram resistência. Eles estavam trabalhando para provar que a bactéria *Helicobacter pylori* causa úlceras pépticas e câncer de estômago. Só que algumas pessoas carregam a *Helicobacter pylori* em seus estômagos sem apresentar problemas. No entanto, a bactéria *é* a causa, e sua erradicação é um tratamento. Simplesmente acontece que a relação entre nós e os micróbios é muito mais complicada do que pensávamos.

Naquela época, pensava-se que os seres humanos eram, em sua maioria, estéreis. Mas, nas últimas décadas, os avanços tecnológicos revelaram que não há nada mais distante da verdade. Na verdade, estamos repletos de trilhões de organismos não humanos — o que é chamado de "microbioma". De fato, há mais células de origem externa em seu corpo do que células próprias. Esses organismos (incluindo bactérias, vírus, fungos e outros) vivem na sua pele, na sua boca, no seu sistema intestinal e em todos os outros lugares. Você pode imaginar essa situação como algo semelhante a uma árvore na floresta tropical. Embora a árvore possa preferir ser deixada em paz, ela é o lar de todos os tipos de insetos, répteis, pássaros, mamíferos e até mesmo de outras plantas. Da mesma forma, você não é apenas uma pessoa, mas todo um ecossistema de seres vivos.

Entre seus hóspedes microbianos, há aqueles que são benéficos para você. Há também os que não o afetam tanto assim. E, finalmente, há aqueles que você preferiria não ter. Os micróbios benéficos incluem bactérias que desempenham funções biológicas importantes: bactérias no sistema intestinal que ajudam na digestão, por exemplo. Outro exemplo são as bactérias que usam fibras alimentares não digeríveis para produzir um composto benéfico chamado butirato. Outro ainda são as bactérias que produzem a espermidina, um composto que promove a autofagia, como vimos anteriormente. Mas há também outros exemplos bem mais estranhos de micróbios que nos auxiliam, como as bactérias intestinais que podem ajudar os corredores a melhorar sua resistência quebrando o lactato para que ele não se acumule.

Há, ainda, micróbios que são úteis principalmente porque nos protegem contra *outros* micróbios. Veja bem, o ecossistema em seu intestino (e em outros lugares) é equilibrado pela competição por alimento e espaço. As bactérias intestinais tentam ativamente se afastar umas das outras, lutam entre si e até mesmo comem umas às outras. Alguns distúrbios do intestino surgem quando esse equilíbrio é interrompido, como quando, por exemplo, um tratamento com antibióticos mata as bactérias benéficas, permitindo que as prejudiciais expandam demais os locais que ocupam.

Embora seja agradável e acolhedor pensar que alguns micróbios estão ajudando você, quero enfatizar que isso não se deve a algum tipo de empatia. Os micróbios em seu corpo estão interessados somente neles mesmos. Como você é a casa deles, às vezes essa ajuda pode ser vantajosa. Mas se as condições mudarem e eles puderem obter alguma vantagem às suas custas, eles o farão com muito gosto.

Imagine, por exemplo, uma inofensiva bactéria coexistindo pacificamente em algum lugar de seu corpo. A bactéria se reproduz ocasionalmente, mas também é mantida sob controle pelo seu sistema imunológico. Em determinado momento, uma mutação altera a bactéria, permitindo que ela subitamente escape do seu sistema imunológico. Isso provavelmente vai permitir que a bactéria faça muito mais cópias de si mesma, e poderá ajudá-la a vencer a concorrência e se espalhar para novos hospedeiros com mais facilidade. No entanto, isso ocorrerá às suas custas, pois a bactéria começará a usar recursos valiosos, podendo até prejudicá-lo enquanto isso. É evidente que, se a bactéria for tão longe a ponto de acabar matando você, ela perderá seu lar. Mas, às vezes, até isso pode ser um preço razoável a se pagar em termos evolutivos, caso ajude a bactéria a se espalhar. É uma estratégia diabólica e egoísta, mas que, claro, não deve ser entendida como um ato senciente. É apenas uma simples evolução. Os micróbios que conseguem produzir mais cópias de si mesmos prevalecem.

O local mais popular para os micróbios se instalarem é na pele e no trato gastrointestinal. Nesses locais, eles têm acesso a alimentos e há menos atividade imunológica, pois ambos são uma superfície do corpo e não o seu interior (há um orifício que vai da boca até o ânus;

portanto, essas superfícies também são tecnicamente "externas"). Mas os micróbios não se instalam somente nas superfícies "externas" do corpo. Na verdade, até mesmo os órgãos que antes considerávamos estéreis estão repletos de vida.

Considere o sangue como exemplo. Até recentemente, a ciência médica presumia que nosso sangue fosse estéril. Mas agora sabemos que isso não é verdade. Ao incubar amostras de sangue de doadores sob as condições corretas, é possível cultivar diferentes tipos de micróbios. (Talvez o segredo do sangue jovem seja o fato de ele ter menos micróbios nocivos?)

O cérebro é um exemplo ainda mais extremo. Anteriormente, pensava-se que o cérebro deveria ser estéril por ser protegido por algo chamado barreira hematoencefálica. Como o nome sugere, a barreira hematoencefálica é uma barreira que separa o sangue do cérebro. O oxigênio e os nutrientes podem passar por ela, mas é evidentemente difícil para a maioria das moléculas entrar no cérebro. Esse é um dos motivos pelos quais é tão difícil desenvolver medicamentos para doenças mentais. O cérebro é nosso órgão mais importante; portanto, faz sentido que queiramos protegê-lo e manter os micróbios afastados.

Dito isso, *existem* micróbios no cérebro. Na verdade, os cientistas já identificaram mais de duzentos tipos diferentes — e eles ainda não terminaram de procurar. Na verdade, há micróbios em qualquer lugar que você consiga imaginar — e poderíamos seguir aqui falando de micróbios nos músculos, no fígado, no peito, e assim por diante.

A questão é que nenhum desses micróbios fica parado. Eles afetam tudo o que acontece em seu corpo. De fato, eles afetam até mesmo nossos esforços médicos. Os estudos mostram que pelo menos metade dos medicamentos mais populares é alterada por bactérias antes mesmo de entrarem no corpo pelo intestino.

O parasita que prolonga a vida e controla o cérebro

Há um certo tipo de parasita — uma tênia — que estabelece seus ciclos entre pássaros e formigas. A tênia vive nos intestinos de pássaros como os pica-paus, e seus ovos são excretados nas fezes dessas aves. Quando as formigas comem as fezes contaminadas, os parasitas eclodem e se instalam no abdômen da formiga. Nesse local, eles têm um fluxo constante de nutrientes para viver. No entanto, o objetivo final dos parasitas é retornar ao intestino de uma ave, pois esse é o único lugar onde eles conseguem botar ovos. Trata-se de um ciclo de vida estranho. Para atingir seu objetivo, as tênias assumem completamente o controle da formiga. O lado positivo — se é que isso existe quando se está infectado com parasitas que controlam o cérebro — é que as tênias encontraram uma maneira de prolongar a vida de seus hospedeiros. As formigas parasitadas vivem pelo menos três vezes mais do que as formigas não infectadas. No entanto, não sabemos de fato como tudo isso funciona. E, claro, os parasitas não estão tentando ser úteis. Eles só querem que a formiga viva mais para que ela tenha mais chances de ser comida por um pássaro em algum momento. E, se um pássaro aparecer, os parasitas não terão piedade de seu hospedeiro. A tênia impede a reação natural de medo da formiga e assim, em vez de fugir, a formiga parasitada fica parada, impotente, olhando fixamente para o céu.

Capítulo 15

Escondendo-se em plena vista

Quando os Estados Unidos começaram a vacinar as pessoas contra o vírus do sarampo na década de 1960, felizmente as crianças pararam de contrair sarampo. Mas esse não foi o único resultado: de repente, as crianças norte-americanas passaram a ter um risco cada vez menor de morrer de todas as outras doenças infecciosas também. O mesmo aconteceu nos países europeus que aderiram à campanha. Mas como uma vacina pode proteger contra infecções que ela nem sequer tem como alvo?

Como todos os outros micróbios que nos infectam, o vírus do sarampo não é um grande fã do nosso sistema imunológico. As células do sistema imunológico estão constantemente à procura de invasores e vão entrar em ação se um convidado inoportuno for descoberto. Vírus como o do sarampo reagem se escondendo, tentando enganar o sistema imunológico e, às vezes, também contra-atacando. Essa guerra do nosso sistema imunológico contra vários micróbios é contínua durante toda a nossa vida. Está acontecendo dentro de você neste exato momento.

Os agentes patogênicos desenvolveram várias armas para atingir o sistema imunológico, mas o vírus do sarampo encontrou uma particularmente eficaz. Ele é capaz de causar o que pode ser considerado uma perda de memória imunológica. Normalmente, certas células do sistema imunológico retêm a memória de adversários anteriores.

O que é inteligente, pois diminui o tempo que o sistema imunológico leva para reagir caso encontre o mesmo inimigo novamente. Assim, ele terá um plano de batalha testado e comprovado, pronto para ser implantado, para impedir que a infecção tenha a chance de se instalar. Essa "memória" imunológica é a razão pela qual as vacinas dão proteção contra o desenvolvimento de uma doença, e também a razão de você contrair doenças como a catapora apenas uma vez na vida.

No entanto, quando o vírus do sarampo causa "perda de memória" em nosso sistema imunológico, todas essas informações valiosas são perdidas. Além de beneficiar o próprio vírus do sarampo, isso também é uma vantagem para todos os tipos de bactérias e vírus. De uma hora para outra, esses agentes patogênicos passam a ter muito mais facilidade em nos infectar. Por isso a infecção pelo vírus do sarampo também nos deixa predispostos a todos os tipos de infecções. Estima-se que o vírus do sarampo contribua para a metade das mortes infantis causadas por *outras* infecções.

Esses golpes duplos são bastante comuns no mundo das infecções. Um cruzado de direita vindo de uma infecção inicial e, em seguida, um gancho de esquerda de uma segunda infecção que explora o caos em benefício próprio. Por um lado, esse princípio ilustra por que as vacinas foram (e ainda são) o símbolo incontestável da ciência médica. Mas é também uma má notícia porque ainda há muitos micróbios perigosos contra os quais ainda não temos vacinas.

Um exemplo particularmente forte é o HIV, o vírus causador da AIDS. O HIV ataca determinadas células do sistema imunológico chamadas células T. Podemos pensar nas células T como os generais do sistema imunológico, pois elas são responsáveis por orquestrar as respostas imunológicas do seu corpo. Quando o HIV ataca as células T, elas acabam sucumbindo ao vírus. Isso significa que o sistema imunológico se torna cada vez mais fraco e, por fim, não consegue lidar com todos os outros tipos de micróbios. Como resultado, as pessoas infectadas pelo HIV tornam-se vulneráveis a infecções que, de outra forma, seriam inofensivas. Os micróbios, que normalmente vivem dentro de nós ou sobre nós em coexistência pacífica, percebem a oportunidade e começam a crescer de forma descontrolada. O fungo *Candida albicans*, relativamente inofensivo e que vive em mais da metade da população, pode se transformar em uma infecção grave. O herpesvírus humano 8 pode deixar de ser relativamente inofensivo e causar uma forma de câncer chamada sarcoma de Kaposi. Até mesmo a gripe pode se tornar mortal.

A carga infecciosa do HIV é desgastante para o corpo e, embora agora tenhamos medicamentos anti-HIV que ajudam os pacientes a viver muito mais do que antes, eles ainda morrem mais cedo do que as pessoas não infectadas. Eles também correm riscos maiores em relação a tudo, de câncer a doenças cardiovasculares. E, de fato, verifica-se que a infecção pelo HIV por si só aumenta a taxa de envelhecimento biológico. Os pacientes com HIV são de cinco a sete anos mais velhos biologicamente do que sua idade real, conforme medido pelo relógio epigenético.

★ ★ ★

Felizmente, ainda estamos progredindo na luta contra o HIV, e ele é uma ameaça à saúde menor do que costumava ser. Se você tomar as precauções corretas, é altamente improvável que seja infectado. No entanto, há outras infecções muito mais comuns que podem acelerar o envelhecimento de forma semelhante. Ao que parece, as infecções em si já nos fazem envelhecer mais rapidamente. Quanto mais grave e mais frequente forem as infecções, mais rápido você vai envelhecer. Esse é provavelmente um dos motivos pelos quais as pessoas hoje em dia parecem muito mais jovens do que as pessoas com a mesma idade no passado. Há cem anos, pessoas de meia-idade viviam uma vida devastada por infecções desde a infância. Isso significa que elas pareciam mais velhas — e, francamente, mais desgastadas — do que as pessoas de meia-idade de hoje, que têm uma vida protegida por vacinas.

Embora tenhamos usado vacinas para erradicar muitos dos vírus que costumavam nos matar e mutilar, ainda existem alguns vírus bem desagradáveis hoje em dia. Um exemplo é um vírus chamado *citomegalovírus* (CMV). É provável que você nunca tenha ouvido falar dele, mas, na verdade, trata-se de uma infecção viral muito comum. Nos países em desenvolvimento, praticamente todas as pessoas já foram infectadas por ele ao atingirem a idade adulta. No mundo desenvolvido, as taxas de infecção são menores, mas a maioria das pessoas ainda é infectada em algum momento da vida.

O CMV é um membro da família do herpesvírus, juntamente com os vírus que causam herpes labial. Não se pega herpes labial por causa do CMV, mas, assim como outros herpesvírus, ele é crônico. Uma vez infectado, você nunca mais vai se livrar dele.

O CMV é transmitido de pessoa para pessoa por meio de fluidos corporais, e pode infectar muitas células diferentes em nossos corpos. Após forçar o acesso a uma célula, o vírus se integra ao DNA dessa célula e a sequestra para seus próprios fins. Em seguida, ele inicia um ciclo de vida que se alterna entre atividade e dormência. Quando ativo, o CMV força as células infectadas a produzir mais partículas de CMV, que podem ser usadas para disseminar a infecção em novas células ou em novos indivíduos. Nosso sistema imunológico percebe quando o CMV está causando problemas e tenta combatê-lo. No entanto, o vírus pode voltar ao estado de dormência a qualquer momento, o que o ajuda a escapar. Ele, então, se esconde e aguarda a próxima oportunidade para despertar. A natureza crônica de uma infecção por CMV deixa o sistema imunológico absolutamente louco. Em indivíduos infectados, até 10% das principais células imunológicas podem estar ocupadas tentando conter o vírus. É evidente que isso esgota os recursos do sistema imunológico e o distrai de outros inimigos. Dessa forma, o CMV aumenta as chances de muitas outras infecções.

É improvável que você perceba isso, pois as infecções por CMV são, na maioria dos casos, assintomáticas (exceto em bebês, em quem são a principal causa de perda auditiva). Entretanto, por meio dos relógios epigenéticos, os cientistas descobriram que uma infecção por CMV acelera o processo de envelhecimento. Ela também parece aumentar a pressão arterial a longo prazo e pode até promover o desenvolvimento de placas nas artérias. Além disso, o CMV impede que as células infectadas realizem o suicídio celular, o que aumenta o risco de se tornarem células zumbis prejudiciais.

Tudo isso faz do CMV um forte candidato a ser erradicado por meio da vacinação. No entanto, assim como ele se esquiva de nossos sistemas imunológicos reais, ele também consegue se esquivar de nossos sistemas imunológicos "ampliados": a ciência médica e a indústria farmacêutica. Esse vírus é irritantemente difícil de ser atacado e, como suas consequências para a saúde não são visíveis à primeira vista, ele não era levado a sério o suficiente no passado. Agora, no entanto, as campanhas de vacinação foram retomadas.

Outro exemplo de um patógeno que pode acelerar o processo de envelhecimento e levar à doença é o primo do CMV da família do herpesvírus, o vírus Epstein-Barr (EBV). O EBV também é crônico, e é o vírus que causa a mononucleose. Ele infecta praticamente todo mundo antes da idade adulta. As pessoas que não contraem mononucleose, na maioria dos casos, foram infectadas pelo EBV na infância, quando os sintomas são menos graves e semelhantes aos de um resfriado.

Ao nos infectar, o EBV tem como alvo especial as células do sistema imunológico chamadas células B. Em casos raros, o vírus assume o controle dessas células, fazendo com que elas se tornem cancerosas. Mas esse não é o único dano causado pelo EBV. Há muito se suspeita que o vírus seja o causador de uma série de doenças autoimunes, incluindo esclerose múltipla, lúpus, diabetes tipo 1, artrite reumatoide e várias outras. Um estudo em grande escala com militares norte-americanos forneceu uma prova poderosa de que a conexão do EBV com a esclerose múltipla é no mínimo válida. No estudo, os cientistas descobriram que a infecção pelo EBV aumenta em 32 vezes o risco de desenvolver a doença. Como dissemos, essa é a nossa suspeita há muito tempo, mas tem sido difícil provar a causalidade. Primeiro, porque muitas pessoas são infectadas pelo EBV *sem* desenvolver esclerose múltipla. E, segundo, porque pode levar anos entre a infecção inicial e suas consequências. Mesmo quinze anos após a infecção pelo EBV, parece que o risco de contrair esclerose múltipla ainda é maior do que o normal, por exemplo.

Doenças autoimunes como a esclerose múltipla são doenças em que o sistema imunológico ataca o corpo por engano. Pode parecer estranho que uma infecção possa nos levar a fazer isso com nós mesmos, mas o motivo é tão fascinante quanto tenebroso. Como já discutimos, os micróbios realmente não gostam do sistema imunológico e tentam evitá-lo. Assim como na selva, a melhor maneira de se esconder é se camuflando. As bactérias e os vírus conseguem fazer isso desenvolvendo proteínas que se parecem muito com as nossas. O seu sistema imunológico é treinado para reconhecer a aparência de suas próprias células e proteínas, de modo que só ataca corpos estranhos. Isso significa que os patógenos podem, às vezes, se disfarçar com sucesso fingindo ser uma parte normal do seu corpo. No entanto, se esse patógeno *for* reconhecido pelo seu sistema imunológico, o resultado pode ser bem problemático. O seu sistema imunológico pode começar a atacar suas próprias células por engano, pois aprendeu que é assim que o inimigo se parece. Nesse caso e em muitos outros, o patógeno não nos atinge diretamente — mas também não se importa conosco e, portanto, pode acabar causando um grande estrago ao tentar atingir seus próprios objetivos.

Infelizmente, embora já se saiba muito sobre os danos causados por infecções comuns como as do CMV e do EBV, não é fácil evitá-las. Além disso, é bem provável que você já esteja infectado. No entanto, é válido ainda ter um pouco de cautela. Por exemplo, o CMV pode infectar as pessoas várias vezes e, devido à natureza crônica da infecção, cada vez que isso acontece a situação só piora. Além disso, o CMV e o EBV provavelmente são apenas a ponta do iceberg. Considere, por exemplo, que a taxa de bebês prematuros despencou em todo o mundo durante os primeiros *lockdowns* do coronavírus. Foi um período notoriamente difícil para vários patógenos, pois dificultamos muito a disseminação de infecções. Por isso, pode ser que a redução no número de bebês prematuros ocorra porque os partos prematuros tenham uma causa ou um contribuinte viral ainda não identificado. Ou considere o próprio coronavírus, que parece aumentar o risco de desenvolver tudo, desde diabetes até vários problemas cardíacos.

De maneira geral, há inúmeros vírus que atingem os seres humanos, inclusive aqueles que ainda não conhecemos. Não é difícil imaginar que alguns deles contribuam para o envelhecimento ou para doenças; tampouco é difícil imaginar que doenças cujas causas ainda não identificamos possam ter envolvimento bacteriano ou viral. Ok, talvez também não seja muito sensato tornar-se um hipocondríaco paranoico, mas certamente vale a pena ter um pouco de bom senso e, claro, vacinar-se.

Capítulo 16

O fio dental e a longevidade

A doença de Alzheimer é uma das piores coisas que podem acontecer a uma pessoa idosa. A doença neurodegenerativa aos poucos vai apagando as memórias de uma vida inteira até os pacientes não conseguirem mais se lembrar nem mesmo das pessoas que amam. É uma maneira devastadora de terminar uma vida longa.

A doença é caracterizada pelo aparecimento de placas de proteína no cérebro. Essas placas consistem em um peptídeo chamado beta-amiloide, e podemos pensar nelas como pequenos aglomerados. Não sabemos por que os aglomerados de beta-amiloide se formam, mas sabemos que eles podem levar à inflamação no cérebro e que acabam matando as células cerebrais.

Isso nos fornece uma solução óbvia: remover os aglomerados ou, melhor ainda, evitar até que eles ocorram. Falar é mais fácil do que fazer, é claro, já que o cérebro é protegido pela barreira hematoencefálica. Como já discutimos, isso faz com que o desenvolvimento de medicamentos para o cérebro seja notoriamente difícil. Um medicamento não precisa apenas funcionar — ser capaz de remover os aglomerados de beta-amiloide, por exemplo —, ele também precisa ser capaz de entrar, de fato, no cérebro. E isso só pode ser conseguido escalando o que é essencialmente uma versão biológica do Muro de Berlim.

Apesar de todas as dificuldades, as empresas farmacêuticas *conseguiram* desenvolver medicamentos capazes de impedir a formação de aglomerados de beta-amiloide no cérebro. Elas conseguiram até desenvolver medicamentos capazes de *removê-los*. Mas, infelizmente, isso não resolve. Na verdade, nada resolve. A luta contra o Alzheimer custou bilhões de dólares, e milhares de nossos cientistas mais talentosos dedicaram suas vidas a ela. Centenas de medicamentos em potencial foram testados em ensaios clínicos; mas, apesar do esforço gigantesco, não temos nenhum resultado para mostrar. Todos os medicamentos promissores falharam. Não há cura, nem mesmo uma pequena esperança de remissão espontânea. O melhor que podemos fazer é adiar um pouco o inevitável.

O que podemos estar deixando de fora? Deve haver algo fundamental sobre a doença de Alzheimer que ainda não entendemos. Como é possível que *nada* funcione? O fato de a doença de Alzheimer — ao contrário de praticamente todas as outras doenças — ser exclusiva dos seres humanos não ajuda em nada em nossos esforços. Os camundongos, por exemplo, costumam ter câncer, mas simplesmente não têm Alzheimer. Para pesquisar a doença de Alzheimer, os cientistas tiveram que criar artificialmente camundongos que se assemelham aos pacientes humanos com Alzheimer. E, em seguida, tentaram curar esses camundongos na esperança de que as lições possam ser transferidas para os seres humanos.

Será que estamos errados sobre o envolvimento dos aglomerados de beta-amiloide na doença de Alzheimer? É muito improvável. Sabemos que as pessoas com síndrome de Down têm um risco muito maior de desenvolver essa doença. Elas também tendem a desenvolver a doença muito cedo. A síndrome de Down é causada por uma cópia extra do cromossomo 21, e nesse cromossomo está localizado o gene da beta-amiloide. Isso sugere que uma quantidade maior de beta-amiloide coincide com a doença de Alzheimer. Os cientistas acreditam que demais pessoas com Alzheimer passam por algo semelhante. Ou elas produzem mais beta-amiloide do que o normal, ou talvez sejam piores em eliminá-la. Em ambos os casos, a beta-amiloide é vista como uma espécie de produto residual. Nós de fato não sabemos a que ela se presta — só a conhecemos pela doença de Alzheimer. Então, basicamente, a história é a seguinte: temos uma proteína sem propósito e, na velhice, ela se aglomera no cérebro e nos mata.

É um pouco difícil de acreditar. Especialmente porque estamos longe de ser o único animal que possui a proteína beta-amiloide. Na verdade, ela vem sendo muito bem preservada ao longo da evolução. Os macacos a possuem, os camundongos a possuem e até mesmo os peixes a possuem. E todos esses animais têm versões da proteína que são quase idênticas às nossas. Normalmente, isso é uma pista de que determinada proteína tem uma função importante. Se um animal nasce com uma mutação em um gene importante, ele tende a se sair pior do que os outros, o que significa que não contribuirá tanto para a próxima geração. Isso indica que as proteínas tendem a mudar lentamente se forem importantes e que, em geral, são semelhantes entre uma espécie e outra.

Então, se a beta-amiloide é importante, qual é a sua função? Muito provavelmente é ser uma arma contra micróbios. Os cientistas descobriram que a beta-amiloide mata os micróbios quando adicionada a culturas microbianas em laboratório. Ela faz isso aglutinando-se ao redor do micróbio para neutralizá-lo e matá-lo, e depois o mantém sob controle por precaução. Trata-se de um mecanismo fascinante, e não acontece apenas em culturas de laboratório. Se os cientistas injetarem bactérias no cérebro de camundongos, a beta-amiloide entra em ação e forma aglomerados em torno das bactérias. Como resultado, os camundongos que não possuem beta-amiloide são mortos por essas injeções bacterianas, enquanto os camundongos que podem fazer uso da beta-amiloide tendem a sobreviver. Ao mesmo tempo, sabemos, com base na genética da doença de Alzheimer, que o sistema imunológico desempenha algum papel no desenvolvimento da doença.

Portanto, certamente temos a arma do crime indicando que o Alzheimer pode ter relação com os micróbios. Agora, tudo o que precisamos saber é quem puxou o gatilho.

Um estudo de Taiwan fornece o principal suspeito. Os pesquisadores taiwaneses descobriram que pessoas infectadas com o herpesvírus têm duas vezes e meia mais chances de contrair Alzheimer do que as não infectadas — isto é, a menos que estejam tomando medicação anti-herpes. Essa medicação suprime o vírus e, curiosamente, também faz com que o risco de Alzheimer volte ao normal. Essa linha se fortalece à medida que vários grupos de pesquisa encontraram traços do herpesvírus em amostras de tecido cerebral de pacientes que morreram com Alzheimer (embora não existam nos grupos de controle). Em um estudo, o vírus foi encontrado até mesmo *dentro* dos aglomerados de beta-amiloide no cérebro de pacientes com Alzheimer. Os pesquisadores também podem duplicar o efeito em laboratório. Se as células cerebrais em cultura forem infectadas com o herpesvírus, aglomerados de beta-amiloide irão aparecer, a menos que seja adicionado um medicamento anti-herpes. A conexão também poderia explicar uma intrigante descoberta sobre o avô dos genes de risco do Alzheimer. Anteriormente, havíamos encontrado o gene apoE, no qual uma variante genética específica aumenta o risco para a doença de Alzheimer. Acontece que a mesma variante genética aumenta o risco de contrair herpes labial em pessoas infectadas com o herpesvírus. Pode ser que essa variante genética específica simplesmente torne as pessoas piores no combate a infecções por herpes.

Os críticos da teoria microbiana do Alzheimer apontam para o fato de que algumas pessoas são infectadas com o herpesvírus, mas *não* desenvolvem Alzheimer. Mas, como aprendemos, isso é bastante normal. Algumas pessoas são infectadas pelo *Helicobacter pylori* e não desenvolvem úlceras pépticas. Outras são infectadas com o vírus Epstein-Barr e não desenvolvem esclerose múltipla. Em ambos os casos, a doença ocorre como um subproduto da infecção — o patógeno não está tentando induzi-la diretamente. É provável que essa seja a razão pela qual os patógenos podem causar doenças em algumas pessoas e poupar outras. Isso e a influência da genética, das diferentes subcepas, da gravidade da infecção e também da sorte ou de motivos aleatórios.

O ponto seguinte da crítica é mais válido, no entanto. Como se vê, o vírus do herpes não é o único patógeno associado ao desenvolvimento da doença de Alzheimer. A suspeita número dois é a bactéria *Porphyromonas gingivalis* (*P. gingivalis*), que em geral vive na boca. Mais uma vez, a *P. gingivalis* foi encontrada no tecido cerebral de pacientes falecidos com Alzheimer. Em alguns casos, a bactéria pode causar uma condição inflamatória grave na boca chamada periodontite. Essa condição está associada a um risco maior de Alzheimer (e também de doença cardiovascular). De fato, há até mesmo um estudo que fez exames odontológicos em 8 mil pessoas na faixa dos sessenta anos e descobriu que aquelas com doença gengival tinham um risco maior de desenvolver demência duas décadas depois. Independentemente de haver ou não uma relação de causa e efeito, lembre-se de usar o fio dental.

Um pouco mais abaixo na lista de suspeitos, estão a bactéria *Chlamydophila pneumoniae* (que não deve ser confundida com a infecção sexualmente transmitida) e fungos como o *Candida albicans*. Novamente, ambos foram descobertos no cérebro de pacientes falecidos com Alzheimer, mas não nos grupos de controle. Neste momento, a melhor evidência é o herpesvírus, mas, como já discutimos, golpes duplos dos micróbios não são incomuns. O ofensor pode ser um único micróbio com os demais sendo simples seguidores, pode ser uma combinação de vários deles, ou os micróbios podem não ser os responsáveis no fim das contas. Ainda não sabemos, mas, como o Alzheimer atualmente não tem tratamento, não custa nada levar a teoria microbiana a sério.

Infecções que bagunçam o cérebro

Já conhecemos outros casos em que as infecções causam sintomas semelhantes aos da doença de Alzheimer. Um deles é a sífilis, também conhecida como doença francesa, italiana ou espanhola, dependendo se seu interlocutor é italiano, francês ou português. A sífilis é causada por uma bactéria sexualmente transmissível que se originou nas Américas, mas que se espalhou pelo resto do mundo após o contato europeu. A bactéria se sentiu em casa e, antes da invenção dos antibióticos, ela agia como a principal fornecedora de clientes para os hospitais psiquiátricos europeus. Após muitos anos de infecção, a bactéria da sífilis é capaz de entrar no sistema nervoso e causar sintomas como demência e "mudanças de personalidade". As pessoas enlouquecem. Há muitos exemplos famosos da sífilis causando estragos no cérebro, principalmente o do gângster Al Capone, da época da Lei Seca, que acabou sendo pego por seu amor por bordéis. Capone foi liberado da prisão por clemência após começar a apresentar um comportamento completamente delirante. Ele morreu pouco tempo depois, aos quarenta e oito anos.

Em 1911, o patologista Peyton Rous fez uma estranha descoberta durante seus estudos sobre galinhas com câncer. Rous descobriu que era possível transmitir o câncer a outras galinhas usando um extrato do nódulo canceroso. A causa não eram as células cancerígenas — nem as bactérias, nesse caso —, já que a experiência ainda funcionava se todas as células e bactérias fossem filtradas primeiro. Foi descoberto que o causador era um vírus. Era a primeira vez em que os seres humanos observaram diretamente um vírus causador de câncer.

No início, o esforço de Rous não atraiu muito interesse, e passaram-se muitos anos até que alguém tentasse repeti-lo. Em 1933, outros cientistas encontraram vírus causadores de câncer em coelhos; nove anos depois, foram encontrados em camundongos e, nove anos depois, em gatos. A essa altura, você provavelmente pode imaginar como tudo se desenrolou. Durante o período em que todos esses vírus causadores de câncer foram descobertos, houve uma forte oposição à ideia de que os vírus poderiam causar câncer. Especialmente quando alguns cientistas sugeriram cautelosamente que também poderia haver vírus desse tipo em humanos. Como resultado, Peyton Rous só recebeu seu Prêmio Nobel em 1966 — cinquenta e cinco anos após sua descoberta. Isso o tornou o mais velho ganhador do prêmio Nobel de medicina. No entanto, apesar da oposição, o cientista alemão Harald zur Hausen enfim descobriu um vírus causador de câncer em humanos na década de 1970. O vírus em questão era o Papilomavírus Humano (HPV), que causa câncer cervical e que vimos anteriormente na história de Henrietta Lacks. Desde então, descobrimos muitos outros vírus causadores de câncer em humanos. Entre eles, estão o vírus Epstein-Barr e o herpesvírus 8, que já conhecemos, bem como os vírus da hepatite B e C, que podem causar câncer de fígado.

Atualmente, sabemos que cerca de 20% de todos os casos de câncer em humanos são causados por micróbios. Além dos muitos vírus, há também bactérias carcinogênicas, como a nossa velha conhecida *Helicobacter pylori*, que pode causar câncer no estômago, e a *Chlamydia trachomatis* (sim, desta vez é a doença sexualmente transmissível), que pode contribuir para o câncer do colo do útero em conjunto com o HPV. Mas, de todos eles, o HPV é o pior. Que fique claro, nem todos os vírus HPV são perigosos. Existem mais de 170 tipos, e a maioria dos problemas vem dos chamados HPV16 e HPV18, que são causadores de câncer. Os dois são responsáveis por cerca de 5% de *todos* os cânceres no mundo inteiro. A maioria desses casos são cânceres cervicais em mulheres, mas também estamos vendo um número crescente de homens com câncer causado pelo HPV, inclusive na cavidade oral. Espera-se que um dia isso seja coisa do passado, pois já temos vacinas que podem prevenir a infecção pelo HPV (embora os teóricos da conspiração estejam trabalhando duro atualmente para fazer a vontade do vírus).

Muito bem, então sabemos que cerca de 20% de todos os cânceres são causados por micróbios. Isso ainda deixa os outros 80% para as outras causas. Talvez. Ainda há muita coisa que não sabemos. Nos últimos anos, um número cada vez maior de micro-organismos é encontrado em tumores. Acontece que praticamente todos os tumores em humanos são infectados por bactérias. Isso pode ser apenas porque o câncer suprime o sistema imunológico, fazendo com que as bactérias se abriguem ali. Mas também pode ser que as bactérias ajudem na formação desse tumor desde o início. Um exemplo interessante é a bactéria *Fusobacterium nucleatum*, que em geral vive na boca, onde pode contribuir para a formação de cáries nos dentes (novamente: fio dental). No entanto, os pesquisadores também encontraram essa bactéria em cânceres de cólon e, se o tumor se espalha, a bactéria o acompanha. Enquanto isso, o tratamento com antibióticos para matar a bactéria inibe o crescimento do tumor. Da mesma forma, os cientistas também encontraram fungos que são 3 mil vezes mais comuns em amostras de tecido pancreático com câncer em comparação com pâncreas saudáveis.

Ainda não se sabe ao certo como tudo isso se relaciona. Os micróbios causam câncer? Eles apenas promovem o crescimento do câncer? Os micróbios favorecem o câncer ao combater o sistema imunológico? Quais deles são apenas acompanhantes e quais são os ofensores? Uma coisa que posso dizer com certeza é que a lista de micróbios causadores de câncer ainda não está completa.

Acredito que você já entendeu o que quero dizer. Poderíamos continuar este capítulo com todos os outros tipos de doenças relacionadas à idade: bactérias da boca encontradas na placa arterial (use fio dental); gripes que aumentam o risco de ataque cardíaco; vírus associados ao desenvolvimento da doença de Parkinson; e assim por diante. A questão é que os micróbios influenciam o desenvolvimento de todas as doenças relacionadas à idade que nos afligem. Se quisermos erradicar essas doenças, será necessário lutar contra as pequenas criaturas que nos atacam.

* * *

Imagine por um momento que você é um vírus. Você é um pedacinho de informação genética em uma concha minúscula nadando no que deve parecer um oceano infinito. Na realidade, esse oceano é a glândula salivar de um pobre coitado. Seus companheiros conseguiram infectá-lo e agora você está se espalhando de célula em célula. Como acontece com todos os seres, seu objetivo é fazer muitas cópias de si mesmo. E, para isso, é necessário o aparato molecular que existe em uma célula.

A sorte lhe sorri e você se depara com uma vítima. Você se prende à superfície da célula infeliz e a engana para que ela o conduza para dentro. Em seguida, seu DNA se funde com o da própria célula. A partir de então, já é tarde demais para a célula. Se ela detectar o que aconteceu, imediatamente comete suicídio celular para pelo menos proteger o resto do corpo. Mas se isso acontecer, sua missão estará arruinada. Você perderá a oportunidade de forçar a célula a produzir partículas virais. O que você faz, então? Você deve lembrar que um dos gatilhos para o suicídio celular fica na mitocôndria. Há também outras proteínas que podem ser usadas para combater os vírus; portanto, trata-se de um local óbvio para ser atacado. Você freia o gatilho de suicídio da célula e já pode respirar aliviado. No entanto, isso ainda não significa que está seguro. A célula está bem ciente do que está em jogo e tem outras armas em seu arsenal para usar contra você. Para ter sucesso, é necessário ser rápido. A célula já está produzindo partículas virais, mas você é um malandrinho ganancioso. Ela deve produzir mais, e rapidamente. O que você pode fazer, então? É possível, por exemplo, acelerar o processo imitando os sinais de crescimento. Normalmente, uma célula precisa produzir novos componentes para poder crescer. Mas se você estimular o crescimento agora, todos os recursos extras serão usados apenas para produzir mais partículas virais. Perfeito. Mas toda essa atividade requer energia, por isso é preciso garantir que as casas de força da célula forneçam o suficiente. Você manipula as mitocôndrias mais um pouco. A essa altura, a célula já está bem ciente de que há algo errado e já ativou todos os seus sinais de estresse. Como você sabe, o estresse pode desencadear a autofagia, e o mesmo vale para uma infecção. Os coletores de lixo da célula se defendem contra os vírus coletando e destruindo as partículas virais. Mas isso não é problema — basta inibir a autofagia para que eles não possam prejudicá-lo. Gradualmente, a célula se desespera. Ela pede alucinadamente a ajuda do sistema imunológico, e tenta alertar as células vizinhas para que elas possam se preparar para a infecção do vírus com antecedência. Se os antivírus especializados do sistema imunológico encontrarem a célula infectada, eles a destruirão imediatamente. E, em geral, você não gosta muito desse pessoal. Algumas células imunológicas, as células B, produzem anticorpos, por exemplo. E os anticorpos podem se ligar e neutralizar vírus específicos quando uma infecção é descoberta. Assim, em colaboração com seus parentes que já estão em outras células infectadas, você enfrenta o sistema imunológico fazendo tudo o que estiver ao seu alcance para enganá-lo e dar o troco. Enquanto essa estratégia estiver funcionando, é possível continuar produzindo mais partículas virais. No fim, você terá produzido tantas partículas que a célula ficará lotada por completo. E aí é hora de seguir em frente. Você dá o golpe mortal na célula estourando-a, de modo que todas as partículas de vírus sejam liberadas no oceano infinito em busca da próxima vítima.

Horripilante, não é? Felizmente, nenhum vírus possui *todas* essas armas. Mas só nessa pequena análise nós encontramos mitocôndrias, sinalização de crescimento, suicídio celular, autofagia e o sistema imunológico. São muitas das áreas relacionadas ao envelhecimento que discutimos até agora. Mas, na verdade, a lista de maneiras pelas quais os vírus podem afetar o envelhecimento é ainda maior. Por exemplo:

- Muitos vírus causam estresse oxidativo excessivo nas células que infectam, assim como o estresse oxidativo que observamos nas células mais velhas.
- Transformar-se em uma célula zumbi pode ser uma defesa de última hora contra os vírus. As células zumbis se "desligam" e param de se dividir, o que ajuda a evitar que um vírus explore a célula.
- Alguns vírus usam o composto de combate ao envelhecimento, a espermidina, para fazer cópias extras de si mesmos. Você deve se lembrar de que produzimos menos espermidina na velhice, e isso pode ser deliberado, como um esforço para suprimir os vírus.
- Já discutimos como os patógenos às vezes nos imitam para escapar do sistema imunológico. Alguns vão ainda mais longe: eles imitam nossas moléculas de sinalização. Dessa forma, eles tentam nos manipular em benefício próprio. Sabemos, por exemplo, que os vírus produzem proteínas que lembram os hormônios de crescimento IGF-1 e a insulina, ambos associados ao envelhecimento.

Em resumo, os micróbios não apenas aumentam o risco de *doenças* relacionadas à idade, mas também influenciam todos os fatores que, pelo que sabemos, desempenham um papel no próprio envelhecimento. Isso faz deles um alvo ainda mais óbvio para nós.

Capítulo 17

Rejuvenescimento imunológico

Nos lagos de Moçambique e do Zimbábue, há pequenos peixes azul-turquesa chamados killifishes. Para quem é leigo no assunto, eles parecem peixes comuns de aquário. Mas quando o assunto é pesquisa sobre envelhecimento, eles são muito mais do que isso. Os killifishes estão entre os vertebrados (animais com espinha dorsal) de vida mais curta do mundo, vivendo apenas algumas semanas. Isso os torna adequados para estudos sobre envelhecimento, já que com eles os pesquisadores conseguem obter seus resultados com rapidez.

Como todos os outros animais, os minúsculos killifishes têm microbiomas em seus intestinos, quer eles queiram ou não. Na verdade, muitas das espécies bacterianas presentes nos intestinos dos killifishes são as mesmas que vivem em você e em mim, o que faz dos killifishes um bom organismo modelo para o estudo dos microbiomas intestinais também. Assim, chegamos à interseção entre os micróbios intestinais e o envelhecimento.

Veja bem, o ecossistema do intestino muda com o tempo nos peixes. À medida que eles envelhecem, a diversidade de espécies em seu intestino diminui, de modo que alguns tipos de bactérias se tornam dominantes e suprimem outros. Isso é exatamente o que acontece nos seres humanos. Por isso, cientistas da Alemanha se propuseram a investigar como essas mudanças relacionadas à idade nas bactérias intestinais afetam o envelhecimento e o tempo de vida. Os pesquisadores criaram killifishes até que eles atingissem a meia-idade e, em seguida, aplicaram uma série de antibióticos neles para erradicar as bactérias em seus intestinos. Só isso já foi suficiente para ajudar os peixes a viverem mais. Porém, os pesquisadores também queriam saber se as bactérias intestinais poderiam ser benéficas. Assim, depois que alguns dos killifishes de meia-idade tiveram suas bactérias intestinais eliminadas, os cientistas recolonizaram seus intestinos com bactérias intestinais de peixes jovens. Esse tratamento prolongou a vida dos killifishes ainda mais do que o tratamento apenas com antibióticos. Parece que certas bactérias intestinais podem ajudar a nos manter jovens. Mas essas são justamente as bactérias que perdemos à medida que envelhecemos, é claro.

Não estou recomendando que você comece a tomar antibióticos como se fossem bala. Se fizer isso, provavelmente vai erradicar as bactérias benéficas e dar ainda mais oportunidades para as prejudiciais. É possível que um dia existam tratamentos para atingir em específico as bactérias intestinais que estão causando problemas. Mas, por enquanto, vale a pena lembrar que os pesquisadores alemães também encontraram bactérias intestinais que *beneficiavam* os killifishes. Se quisermos aproveitar um pouco desse efeito, talvez valha a pena tentar apoiar essas companheiras. As bactérias identificadas pelos pesquisadores dos killifishes como aquelas capazes de prolongar a vida eram, em sua maioria, espécies que se alimentam de fibras alimentares. É fácil apoiar essas camaradas: basta alimentá-las com mais fibras. Em troca, elas produzem um composto chamado butirato, que traz vários efeitos benéficos à saúde. Entre outras coisas, o butirato interage com o sistema imunológico e faz com que as células que revestem o intestino se unam com mais força. O que é importante, já que o sistema intestinal tende a apresentar vazamentos à medida que envelhecemos. Esses vazamentos significam que as bactérias do intestino podem entrar na corrente sanguínea, onde causam problemas — não necessariamente porque *fazem* alguma coisa, mas porque nosso sistema imunológico enlouquece. Nosso sistema imunológico reage fortemente a duas moléculas bacterianas chamadas *lipopolissacarídeo* (LPS) e *peptidoglicano*. Trata-se de uma reação útil quando as bactérias fazem parte de algum tipo de infecção aguda, mas, se elas forem apenas o resultado de um fluxo passivo e de baixo nível de micróbios no corpo, haverá uma ativação imunológica constante, e isso acaba sendo prejudicial.

Em geral, vemos muito esse tipo de ativação de baixo nível do sistema imunológico em pessoas idosas. Um dos motivos poderia ser o aumento de patógenos, mas, assim como tudo em nosso corpo, o sistema imunológico também piora com a idade.

O aumento da ativação de baixo nível do sistema imunológico é chamado de "inflamação crônica", sendo inflamação o que acontece quando o sistema imunológico é ativado. Você a reconhece como calor, vermelhidão, dor e inchaço. Nem todas essas inflamações parecem vir da ativação contra patógenos. Em pessoas idosas, há algo chamado "inflamação estéril", ou seja, a ativação do sistema imunológico contra nenhum inimigo específico. Esse fenômeno também é chamado de "envelhecimento inflamatório", e é prejudicial porque nosso sistema imunológico não é particularmente cuidadoso. Ele foi desenvolvido para combater infecções que costumavam ser questões de vida ou morte. Assim, como soldados em guerra, o sistema imunológico não tem como se preocupar muito com a própria casa. Se ele der conta de eliminar os vilões, mesmo que danifique algum tecido enquanto faz isso, tudo bem. A alternativa poderia ser a morte.

★ ★ ★

A peça final do quebra-cabeça entre os micróbios e o envelhecimento é, portanto, o próprio sistema imunológico. Sabemos que ele começa a disparar por engano na velhice. Sabemos que ele vai piorando no combate a patógenos na velhice. E sabemos que muitas das variantes genéticas ligadas ao envelhecimento envolvem o sistema imunológico de alguma forma. Mas, além de tudo isso, parece que o sistema imunológico envelhecido por si só já promove o envelhecimento. Isso foi ilustrado por uma pesquisa da Universidade de Minnesota. Nela, os pesquisadores criaram camundongos nos quais o sistema imunológico envelhece de modo prematuro. O que resultou em todos os efeitos mencionados acima, mas também promoveu o envelhecimento de vários *outros* órgãos. Um dos motivos é que as células imunológicas antigas podem se transformar em células zumbis com todos os danos que isso acarreta. Um outro é que um sistema imunológico fraco e envelhecido não consegue remover as outras células zumbis que aparecem em diversos órgãos. Portanto, um dos tratamentos antienvelhecimento mais óbvios é o rejuvenescimento do sistema imunológico.

Para alcançar o rejuvenescimento imunológico, os pesquisadores têm como alvo um órgão chamado timo. Esse pequeno órgão fica na cavidade torácica e é usado como uma espécie de berçário para as células T — as generais do sistema imunológico. Essas células são produzidas na medula óssea, mas viajam até o timo para amadurecer. Lá, elas aprendem a distinguir o que é do corpo do que não é, e terminam seu desenvolvimento. No entanto, infelizmente o timo não se sai bem durante o envelhecimento. Ele sofre o que é chamado de "involução tímica", em que o pequeno órgão se encolhe de modo gradual e se transforma em gordura. Isso significa que perdemos aos poucos nossa capacidade de treinar os generais do sistema imunológico. A rapidez com que o timo diminui varia de pessoa para pessoa, mas ele se encolhe entre 1 e 3% ao ano em todos os adultos. Quando chegamos à velhice, já não resta muito dele.

O declínio do timo é a principal razão pela qual nosso sistema imunológico fica mais frágil com a idade. Se pudéssemos rejuvenescê-lo de alguma forma, é possível que o sistema imunológico rejuvenescido simplesmente resolvesse muitos dos problemas que estamos discutindo neste livro. Um sistema imunológico rejuvenescido eliminaria as células zumbis de forma eficiente. Ele seria muito melhor no combate ao câncer. E certamente não teria problemas com alguns dos patógenos que assombram os idosos. Pense, por exemplo, em como a influenza pode ser prejudicial na velhice, mas não é problemática na juventude. Para reforçar essa ideia, pesquisadores russos transplantaram tecido do timo de camundongos jovens para camundongos velhos. O experimento não foi particularmente agradável, pois os pesquisadores tiveram que transplantar o tecido para os olhos dos pobres camundongos. Isso às vezes é feito porque a atividade imunológica nos olhos é baixa e, portanto, há menos risco de perder o enxerto. No entanto, o experimento bastante assustador provou seu ponto, e o tecido do timo jovem prolongou o tempo de vida dos camundongos.

É provável que você não queira replicar a exata configuração experimental descrita acima, mas hoje em dia os cientistas estão progredindo na criação de timos "sobressalentes" a partir de células-tronco. A ideia é a mesma que encontramos na seção sobre células-tronco: orientar as células-tronco para que se tornem células do timo, e depois transplantá-las para pessoas necessitadas. Há experimentos de prova de conceito em que os pesquisadores criaram um novo tecido tímico em camundongos para que os sistemas imunológicos jovens em pessoas idosas possam se tornar uma realidade no futuro.

Até isso acontecer, nós já conhecemos pelo menos um método com o potencial de interromper parcialmente o declínio do timo. Os pesquisadores conseguiram regenerar parte do timo em camundongos idosos dando suplementos de zinco a eles. Em um ensaio clínico, outros pesquisadores provaram que os suplementos de zinco também podem reduzir a quantidade de infecções em pessoas idosas; portanto, pode ser que a mesma coisa esteja acontecendo em humanos.

Parte III

BOM CONSELHO

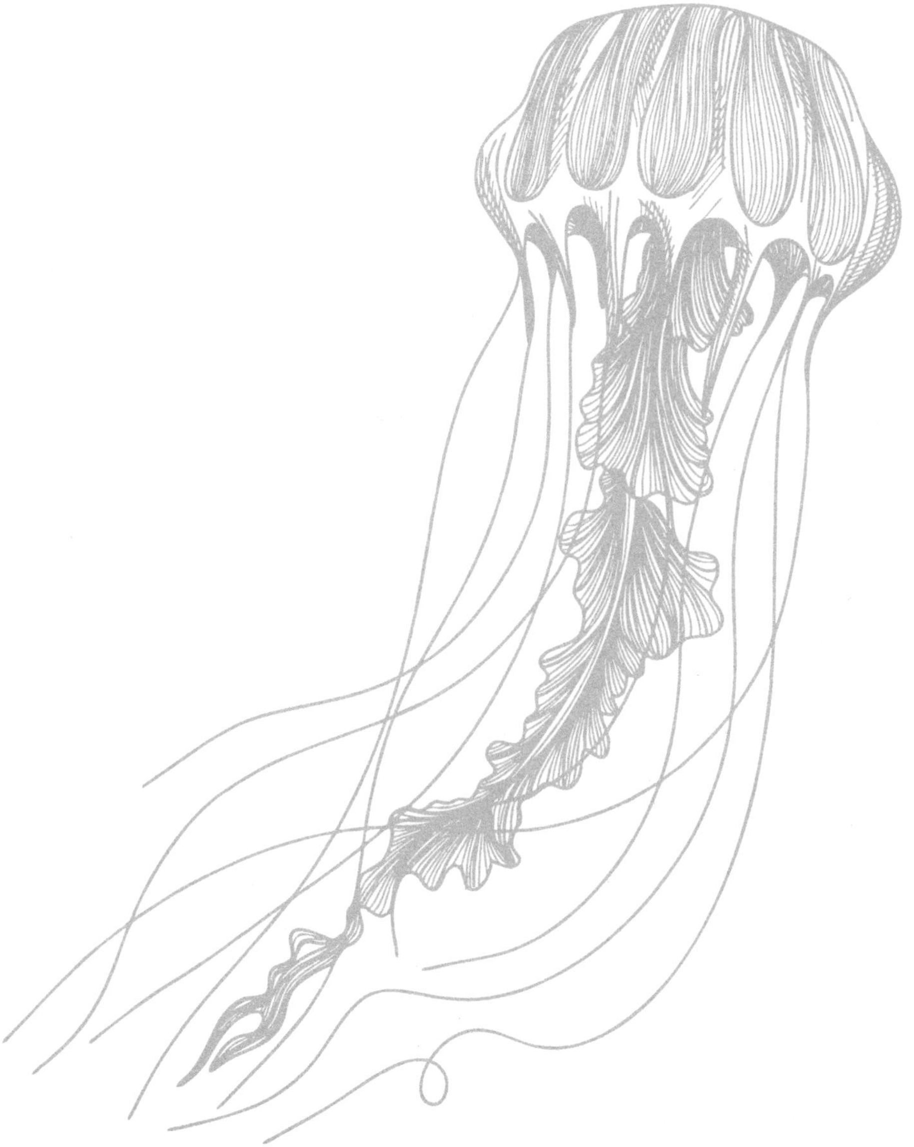

Capítulo 18

Faminto por diversão

Imagine que voltamos no tempo até a Veneza do século XV. Fomos tão longe ao passado que a Itália ainda nem existe como país. Já Veneza é uma cidade-estado independente e muito rica. A cidade produz de tudo, de seda a algodão e vidro, e os comerciantes de Veneza distribuem mercadorias exóticas por toda a Europa. Sua riqueza abundante e enorme frota marítima fizeram de Veneza um dos centros de poder absoluto da Europa.

Entre os belos canais, talvez tenhamos a sorte de encontrar um nobre chamado Luigi Cornaro. Embora Cornaro tenha começado sua vida com modestos recursos no continente, ele acabou criando fortuna ao inventar métodos de drenagem de áreas alagadas: uma ocupação e tanto na região de Veneza.

Cornaro usou sua fortuna para desfrutar de uma vida de comida e bebida abundantes, mas, aos quarenta anos, essa vida de excessos começou a cobrar seu preço. Ele se sentia pesado, preguiçoso e velho. Sempre inovador, Cornaro decidiu tomar as rédeas da situação. E assim começou uma busca fanática por um estilo de vida mais saudável.

Depois de consultar alguns médicos, Cornaro criou uma nova dieta seguindo um conjunto de regras rígidas. Ele não comia mais do que 350 gramas de alimentos por dia em uma dieta de ovos, carne, sopa e um pouco de pão. E — naturalmente para um italiano — um pouco de vinho também. Mas apenas cerca de meia garrafa por dia.

Essa nova dieta restritiva fez maravilhas pela saúde de Cornaro. Ele ficou tão impressionado com seu progresso que decidiu escrever um livro sobre a nova dieta no intuito de divulgá-la. O livro foi apropriadamente intitulado *Discorsi della vita sobria* [Discursos sobre a vida moderada].

O livro foi um grande sucesso, ganhando rapidamente traduções em diversas línguas. Quanto ao próprio Cornaro, ele nunca mais se afastou da dieta. No entanto, continuou a fazer experimentos, e ao longo da vida escreveu diversas novas versões de sua obra, que se tornou célebre em toda a Europa ao ser traduzida para o inglês, em 1634.

No final de sua vida, Cornaro havia restringido sua dieta a uma única gema de ovo em cada refeição. Embora não fosse algo muito empolgante, a dieta parecia funcionar mais do que nunca. Cornaro era tão saudável que continuou a escrever até os noventa anos.

Quando a Morte finalmente bateu à sua porta, Cornaro havia vivido o equivalente a duas vidas medievais, chegando a uma impressionante idade entre noventa e oito e cento e dois anos.

★ ★ ★

Quase quatro séculos após a morte de Luigi Cornaro, um professor norte-americano foi levado pelo mesmo caminho que o nobre veneziano.

O pesquisador Clive McCay, que conhecemos enquanto falávamos sobre sangue jovem, era professor da Universidade de Cornell, no estado de Nova York, e especialista em nutrição. Em sua época, na década de 1930, havia uma grande preocupação em fazer as crianças crescerem, de preferência o mais rápido possível e mediante o uso de vitaminas, que eram uma descoberta recente na época. Esse zelo pelo crescimento preocupava McCay. Ele acreditava que era melhor que uma pessoa crescesse de forma lenta se quisesse ter uma vida longa e saudável.

Sua inspiração? Um cientista inglês do século XVI com o apropriado nome de lorde Francis Bacon. Em um de seus livros, Bacon escreveu exatamente o que McCay afirmava: para se ter uma vida longa, o importante não é crescer rápido, e sim crescer o mais lentamente possível. De preferência, até um tamanho adulto pequeno. Parece familiar?

Para testar sua teoria sobre crescimento e longevidade, McCay elaborou um experimento com ratos. Ele dividiu os roedores em três grupos. O primeiro grupo foi alimentado normalmente, enquanto os outros dois foram alimentados com uma dieta com muito menos calorias do que o normal. McCay se certificou de que os ratos não estavam desnutridos — eles recebiam todas as vitaminas e os minerais de que precisavam —, apenas não recebiam calorias suficientes. Esse tipo de dieta foi chamada posteriormente de "restrição calórica".

Com o passar do tempo, os ratos do experimento começaram a morrer, e McCay observou com atenção o tempo de vida deles. Depois de 1.200 dias, restavam apenas 13 dos 106 ratos originais. Cada um desses pertencia a um dos grupos com restrição calórica. Na época, eles tinham a duvidosa honra de serem os ratos de laboratório mais velhos de todos os tempos.

Os ratos pareciam comprovar a teoria de McCay. A restrição calórica fez com que eles crescessem mais lentamente e, por fim, acabassem menores, ao mesmo tempo em que tiveram suas vidas prolongadas.

Entretanto, décadas depois, nos anos 1980, dois cientistas, Richard Weindruch e Roy Walford, descobriram que o impedimento do crescimento não é de fato necessário. A restrição calórica ainda prolonga a vida dos roedores, mesmo que seja permitido que eles cresçam até o tamanho normal antes da redução na ingestão de calorias.

Weindruch e Walford também provaram que existe uma relação linear entre a limitação na quantidade de calorias e o aumento da longevidade nos roedores. Os camundongos alimentados com abundância têm a vida mais curta. Os camundongos que sofrem alguma restrição calórica vivem mais. E assim por diante, até chegarmos aos camundongos de vida mais longa de todos: aqueles que sofreram restrição calórica quase até o ponto da inanição.

A propósito, Roy Walford acabou experimentando a restrição calórica em si mesmo.

Em 1991, ele fez parte da primeira equipe dentro da Biosfera 2, a estufa futurista gigante, lembra? O objetivo da Biosfera 2 era criar um ecossistema fechado que pudesse fornecer aos seres humanos e aos animais tudo o que fosse necessário para o sustento da vida. Walford e sua equipe ficaram trancados dentro do ecossistema fechado por dois anos inteiros. Ao que parece, construir um ecossistema inteiro a partir do zero é realmente difícil. A equipe da Biosfera 2 teve que reduzir de forma drástica a ingestão de alimentos e acabou precisando de ajuda externa. Com o tempo, tornou-se aceitável terminar cada refeição lambendo o prato.

Tenho certeza de que você não está morrendo de inveja por não ter sido convidado. Mas, para Walford, essas condições foram como um furo de reportagem. Seu tempo na Biosfera 2 permitiu que ele testasse a restrição calórica em seres humanos, e os resultados foram confirmatórios. Durante a estadia faminta na Biosfera 2, todos os membros da equipe científica apresentaram índices menores de colesterol no sangue, pressão arterial mais baixa e sistemas imunológicos melhores do que tinham antes do grande experimento.

O efeito foi comprovado diversas vezes desde que esses primeiros estudos sobre restrição calórica foram realizados. Quando a ingestão de calorias dos roedores é limitada, eles geralmente vivem algo em torno de 20 a 40% a mais do que o normal. Além disso, os animais conseguem se reproduzir por um período mais longo, têm sistemas imunológicos mais fortes, são menos propensos a serem afetados pelo câncer e tendem a *parecer* mais jovens do que os do grupo de controle com a mesma idade. No entanto, sabemos que as pesquisas realizadas em roedores nem sempre se aplicam bem a seres humanos (e, às vezes, nem mesmo a outros roedores...).

Em um esforço para obter dados mais aplicáveis aos seres humanos, dois grupos de pesquisa nos Estados Unidos usaram macacos rhesus em vez de camundongos ou ratos. Os macacos rhesus podem viver por mais de quarenta anos; portanto, esses experimentos foram uma longa provação. Eles foram iniciados em 1987, e os resultados só começaram a ser divulgados nos últimos dez anos. A espera valeu a pena?

Quando se decide passar mais de trinta anos em um projeto de pesquisa realizando dois estudos específicos, a Lei de Murphy determina que eles terão de apresentar resultados conflitantes. E foi exatamente isso que aconteceu. No primeiro estudo, a resposta foi sim — a restrição calórica aumentou o tempo de vida dos macacos rhesus. De fato, um dos macacos acabou estabelecendo o recorde de longevidade da espécie. No segundo estudo, no entanto, não houve um prolongamento específico da vida, embora os macacos com restrição calórica parecessem ser mais saudáveis enquanto vivos.

Os resultados conflitantes fazem com que seja difícil afirmar categoricamente que macacos alimentados com menos calorias vivem mais. E provavelmente não devemos esperar que alguns milhões de dólares sejam reservados para um novo experimento a ser concluído em meados do século. Então, o que é possível fazer para descobrir se a restrição calórica funciona em humanos? Seria muito difícil, além de bastante antiético, fazer esse tipo de estudo em seres humanos. Alguém se candidata a passar fome?

Temos experimentos naturais, como o da Biosfera 2, é claro. E, além disso, existem de fato os entusiastas da restrição calórica. A Calorie Restriction Society [Sociedade de Restrição Calórica] é um grupo de pessoas que praticam a restrição calórica voluntária. É claro que os seres humanos vivem ainda mais do que os macacos rhessus; portanto, é muito cedo para dizer se todos os membros dessa sociedade vão acabar tendo um tempo de vida bíblico. Entretanto, os estudos sobre essas pessoas mostraram que seus parâmetros de risco para tudo, de diabetes a doenças cardiovasculares, são excelentes. Não há dúvida de que são um grupo de pessoas excepcionalmente saudáveis.

Além desses experimentos naturais, também foram realizados alguns testes reais de restrição calórica. Em um deles, os participantes foram divididos em dois grupos: o grupo um foi informado de que deveria continuar a comer normalmente, enquanto ao grupo dois foi solicitado que a ingestão de calorias fosse reduzida em 25% nos dois anos seguintes. É claro que foi praticamente impossível reduzir tanto assim a ingestão de alimentos de modo voluntário. Porém, quando os dois anos terminaram, o grupo dois havia conseguido reduzir a ingestão de calorias em 12%.

Embora essa seja uma redução menor do que a planejada, ela ainda se mostrou extremamente benéfica para os participantes. Os membros do grupo dois apresentaram melhorias em todos os aspectos. Na verdade, as mudanças lembravam as observadas nos membros da Calorie Restriction Society e nos animais de laboratório usados em pesquisas sobre restrição calórica.

Eu convenci você a passar fome voluntariamente? É provável que não. Para a grande maioria das pessoas (inclusive eu), os benefícios simplesmente não são grandes o suficiente.

Primeiro, há a incerteza: até que ponto a restrição calórica funciona bem em humanos? Em geral, parece que, quanto mais tempo um animal vive normalmente, menos eficaz é a restrição calórica. Ou seja, funciona muito bem em vermes, bem em camundongos, bem em macacos rhesus e *talvez* em humanos. Na verdade, esse é o padrão que a maioria das intervenções voltadas para a extensão de vida apresenta. Eu diria que a restrição calórica poderia estender a vida de uma pessoa em alguns anos no máximo — e isso se você souber o que está fazendo.

Segundo, os relatos dos participantes não são muito agradáveis. Muitos relatam que se sentem com frio, lentos e cansados. Provavelmente, é assim que os animais testados também se sentem. Os camundongos com restrição calórica comem como predadores vorazes se tiverem acesso a alimentos extras. Pode-se dizer que não se sabe ao certo se a restrição calórica funciona em pessoas, mas ela sem dúvida fará com que a vida *pareça* ser muito mais longa.

Mas, embora os benefícios da restrição calórica não superem as desvantagens, os resultados desses estudos ainda podem ser úteis para nós. Por um lado, eles nos ensinam que é importante não comer demais. Talvez não queiramos passar fome, mas não há motivo para comer depois de estarmos saciados. Porém, o mais importante é que aprendemos uma nova estratégia para combater o envelhecimento. Talvez não queiramos usá-la como ela é hoje, mas talvez seja possível encontrar uma maneira de contornar as desvantagens. Atualmente, os pesquisadores estão tentando identificar maneiras de imitar o efeito da restrição calórica sem que seja preciso passar fome. Se conseguirmos descobrir exatamente *como* a restrição calórica afeta fisiologicamente os animais, poderemos desenvolver medicamentos ou tratamentos que imitem esse efeito.

Esses tipos de medicamentos são chamados de miméticos da restrição calórica. Na verdade, já conhecemos alguns candidatos: a rapamicina e a espermidina. Mas também há maneiras naturais de reproduzir o efeito da restrição calórica. E essa é a segunda possibilidade — uma abordagem escondida na sabedoria milenar.

Mecanismos de restrição calórica

Há muitas pesquisas sobre como a restrição calórica funciona exatamente e por que ela prolonga a vida. Uma descoberta interessante envolve o verme de laboratório *C. elegans*.

Acontece que a restrição calórica só prolonga a vida do *C. elegans* se a autofagia do verme, o sistema de coleta de lixo celular, estiver funcionando. Se os cientistas bloquearem a autofagia, a restrição calórica deixará de ajudar os vermes a viverem mais. Outra pista que aponta na mesma direção é o fato de que a restrição calórica não proporciona benefícios adicionais em animais de teste que tomam rapamicina. A rapamicina, como você deve se lembrar, bloqueia o mTOR que promove o crescimento e, portanto, ativa a autofagia.

Capítulo 19

Um velho hábito com nova roupagem

Quando os pesquisadores realizam experimentos de restrição calórica, eles geralmente alimentam os animais uma vez por dia. Os animais estão famintos, então comem tudo de uma vez. Em seguida, eles jejuam até o dia seguinte. Isso levou alguns pesquisadores a suspeitar que talvez seja o jejum — e não a redução da ingestão de calorias — o responsável pelo prolongamento da vida. Em um engenhoso experimento que reforça essa ideia, os pesquisadores colocaram os ratos em restrição calórica de uma maneira diferente. Em vez de dar aos camundongos pequenas quantidades de comida normal, eles forneceram um tipo especial de ração com um teor calórico muito baixo. Os roedores podiam comer o dia todo — e comiam —, mas ainda assim recebiam poucas calorias. Dessa forma, os pesquisadores criaram uma restrição calórica sem jejum. Portanto, se o que beneficia os camundongos é uma ingestão de calorias reduzida, os camundongos testados deveriam ter o tempo de vida prolongado da mesma forma. Mas se o *jejum* for a causa real do prolongamento da vida, os camundongos *não* viveriam mais, pois estariam comendo o dia todo. O resultado foi a segunda opção: quando os roedores sofrem restrição calórica sem jejum, eles não vivem mais do que o normal.

Outros pesquisadores atacaram a questão pelo ângulo oposto: eles fizeram com que os camundongos jejuassem sem redução do consumo total da comida. Isso pode ser feito alimentando-os somente em dias alternados. Os camundongos comem o dobro da comida nos dias em que são alimentados, de modo que não recebem menos calorias do que o normal, mas fazem jejum nos intervalos. E só isso basta para que suas vidas sejam prolongadas. Na verdade, os ratos que fazem jejum vivem quase tanto quanto os ratos com restrição calórica.

Até o momento, resta pouca dúvida de que o jejum pode imitar o efeito da restrição calórica e prolongar a vida dos roedores. Isso também faz sentido e se encaixa em nossas descobertas anteriores. O jejum, por exemplo, é um tipo de hormese: um fator de estresse que nos torna mais fortes. E, assim como a restrição calórica, o jejum também inibe o mTOR que promove o crescimento, ao mesmo tempo em que aumenta a atividade dos coletores de lixo celular, a autofagia.

★ ★ ★

O jejum é um fenômeno muito difundido na maior parte do mundo. É uma prática encontrada em quase todas as culturas e religiões. Ainda na Grécia antiga, Hipócrates — o pai da medicina moderna — recomendava o jejum com justificativas relacionadas à saúde. E o historiador Plutarco, que viveu algumas centenas de anos depois, disse: "Jejue hoje em vez de usar remédios." Até hoje, o jejum faz parte de todas as principais religiões do mundo. Os cristãos ortodoxos têm períodos de jejum, incluindo os quarenta dias entre a terça-feira gorda e a Páscoa; os judeus têm dias de jejum regulares, incluindo o dia mais sagrado, o Yom Kippur, em que não se come desde o pôr do sol de um dia até o pôr do sol do dia seguinte; os muçulmanos comemoram o mês sagrado do Ramadã, em que não é permitido comer nem beber enquanto o sol estiver no céu; os budistas jejuam durante períodos de meditação intensa; e os hindus também têm uma grande variedade de jejuns ao longo do ano. De fato, o jejum é tão comum que seria difícil encontrar uma cultura ou religião que não tenha alguma tradição dessa.

É claro que essas religiões não prescrevem o jejum para combater o envelhecimento, mas os textos religiosos com frequência descrevem o jejum como algo saudável. Seja para limpeza (autofagia?), força por meio de provações (hormese?), clareza mental ou autorreflexão.

O jejum também é implementado de diferentes maneiras. Algumas pessoas não comem absolutamente nada, outras apenas deixam de comer certos tipos de alimentos (especialmente carne), outras comem muito menos do que o normal e outras se abstêm de comer em determinados horários.

Da mesma forma, existem quase tantos tipos de jejum baseados em pesquisas quanto religiosos. Vamos dar uma olhada. Uma maneira comum de jejuar é restringir sua janela de alimentação, o que é conhecido como alimentação com restrição de tempo. Todos nós a praticamos até certo ponto. A menos que seja uma daquelas pessoas que fazem lanchinhos tarde da noite ou que se levantam de madrugada para comer, você jejua do jantar até o café da manhã no dia seguinte. Algumas pessoas experimentam estender esse período de jejum, por exemplo, ingerindo tudo o que costumam comer dentro de uma janela de 4 a 8 horas, em vez das típicas 12 a 14 horas.

Essa abordagem trouxe alguns resultados promissores em camundongos. E os estudos mostram, por exemplo, que a alimentação com restrição de tempo protege os camundongos dos efeitos negativos de uma dieta não saudável, seja ela rica em açúcar ou em gordura. Em outras palavras, nos camundongos, uma dieta não saudável pode, até certo ponto, ser neutralizada por uma alimentação com restrição de tempo. É possível imaginar o uso de uma estratégia semelhante durante as férias, que é, de fato, o período em que as pessoas tendem a engordar mais.

Além da alimentação com restrição de tempo, a maioria dos outros métodos envolve jejuar o dia inteiro por um dia ou mais. Esse tipo é conhecido como jejum intermitente, e é o jejum que vemos principalmente em textos religiosos.

A história científica do jejum intermitente teve origem na década de 1940 com os pesquisadores Anton Carlson e Frederick Hoelzel da Universidade de Chicago. Os dois formavam uma dupla um tanto estranha. Carlson era um eminente fisiologista sueco-americano, com doutorado pela Universidade de Stanford, e presidiu o Departamento de Fisiologia da Universidade de Chicago por vinte e quatro anos.

Hoelzel também acabou se tornando um pesquisador, embora seu caminho até lá tenha sido um pouco mais curioso. Quando adolescente, ele tinha dores de estômago terríveis, e nada fazia com que elas desaparecessem. Por fim, ele se convenceu de que a dor era causada pela comida que estava ingerindo. Sua solução era simples: não comer nada. Isso acabou sendo muito difícil, então Hoelzel começou a comer alimentos "alternativos" para manter a fome sob controle. Ele experimentou, entre outras coisas, carvão, areia, cabelo, penas e — seu favorito — algodão cirúrgico.

Depois que os caminhos de Carlson e Hoelzel se cruzaram, eles se tornaram amigos e acabaram se tornando uma dupla dinâmica científica. Quando não estavam testando o tempo de passagem dos vários objetos que Hoelzel comia (bolas de vidro passavam mais rápido do que flocos de ouro, por exemplo), eles também testavam juntos questões fisiológicas mais legítimas.

Em 1946, eles realizaram o que hoje é um famoso experimento envolvendo jejum e camundongos. A inspiração veio do estudo de Clive McCay sobre prolongamento da vida por meio da restrição calórica. Eles concluíram, de forma bastante razoável, que não seria possível aplicar esse método em seres humanos de uma forma agradável. Em vez disso, argumentaram, a inspiração deveria ser tirada do único fenômeno semelhante no mundo real: o jejum religioso.

Eles testaram essa ideia e descobriram que, de fato, o jejum periódico era benéfico para os ratos em um ambiente experimental. Os resultados de Carlson e Hoelzel fizeram com que esse tipo de jejum fosse acrescentado a uma lista até então muito pequena de maneiras de prolongar a vida dos ratos.

O método que Carlson e Hoelzel utilizaram em seus ratos é chamado de jejum em dias alternados, uma abordagem que envolve jejum dia sim, dia não, e alimentação normal. Atualmente, esse jejum se tornou um método popular nos círculos de saúde e entre pessoas que querem perder peso. O método é bastante simples: dias de jejum são alternados com dias em que a pessoa se alimenta normalmente, até a saciedade. Algumas pessoas não fazem jejum completo, mas comem uma quantidade pequena de comida, de 500 a 600 calorias, por exemplo, para manter a fome sob controle. Uma alternativa um pouco mais suave é a dieta 5:2, que também é popular. Os princípios são semelhantes aos do jejum em dias alternados, mas você jejua apenas dois dias por semana.

Ainda estamos coletando evidências dos efeitos do jejum intermitente em humanos. Uma ressalva a ser feita ao transpor os estudos com ratos para humanos é que um dia inteiro de jejum é muito mais longo para um rato do que para uma pessoa. Um camundongo vive alguns anos, no máximo, enquanto os seres humanos vivem décadas. Portanto, alguns cientistas acreditam que teremos que fazer jejuns mais longos para obter os mesmos benefícios que os ratos de laboratório.

Um dos defensores dos jejuns mais longos é o renomado pesquisador Valter Longo. Longo e seus colegas descobriram que muitos dos efeitos benéficos de um jejum só aparecem depois de três dias. O problema disso, claro, é que jejuar por três dias não é muito agradável ou conveniente, especialmente se você tem uma vida normal que precisa ser mantida (e é pouco provável que pessoas queiram passar suas férias ou fins de semana em jejum).

A solução que Longo e seus colegas encontraram é a dieta chamada Fast Mimicking, que eles imaginam que pessoas saudáveis possam usar ocasionalmente. Como o nome sugere, essa dieta simula um jejum completo sem, de fato, ser um jejum. O processo dura cinco dias, e nesse período os participantes ingerem refeições muito pequenas e com baixo teor calórico. As refeições são ricas em gordura e são concebidas para induzir o corpo a pensar que está em jejum, já que esse processo envolve a queima de nossa própria gordura corporal como combustível.

* * *

Algumas pessoas podem ficar nervosas com a ideia de jejuns mais longos, e não sem motivos. Obviamente, há pessoas que não devem jejuar por longos períodos, como crianças, mulheres grávidas, pessoas doentes e idosos. Mas, para adultos saudáveis, não há problema em jejuar por alguns dias, desde que você se lembre de beber bastante água. A regra geral é que os seres humanos podem sobreviver 3 minutos sem oxigênio, três dias sem água e três semanas sem comida. Mas esse último item nem sempre é exato: se você tiver gordura suficiente para seu corpo queimar, poderá passar muito mais tempo sem se alimentar.

O recorde mundial do jejum mais longo é do escocês Angus Barbieri. Aos vinte e sete anos, Barbieri pesava 207 kg. Ele sabia que estava à beira de uma morte precoce e queria desesperadamente perder peso. Naquela época, nos anos 1960, havia muitas pesquisas sobre o uso do jejum para perda de peso. A lógica era simples: você deveria parar de comer até atingir o peso desejado.

Barbieri estava disposto a tentar o jejum, por isso compareceu ao Maryfield Hospital, em Dundee, perto de sua cidade natal. Ele disse aos médicos que estava pronto para deixar de comer para perder peso e, sentindo sua determinação, os médicos concordaram em monitorar Barbieri enquanto ele jejuava.

No início, Barbieri não planejava fazer jejum por mais do que um curto período. Mas, com o passar do tempo, ele foi se concentrando cada vez mais em atingir seu peso ideal. Os médicos concordaram em deixá-lo continuar, mas começaram a lhe dar um comprimido multivitamínico para garantir que ele não tivesse nenhuma deficiência nutricional. Mas Barbieri, que estava muito acima do peso, não precisava de muito — seu corpo tinha combustível suficiente para se sustentar.

As semanas se transformaram em meses enquanto Barbieri buscava obstinadamente seu peso ideal de 82 kg. Quando enfim atingiu sua meta, ele estava jejuando há *382 dias*. Isso equivale a um ano e dezessete dias sem comer. Por incrível que pareça, Barbieri conseguiu manter seu novo peso. Quando os médicos o encontraram novamente, cinco anos depois, ele havia engordado apenas 7 kg.

Um jejum dessa duração obviamente *não é* algo que se possa recomendar a alguém, não importa o quanto essa pessoa esteja acima do peso. A razão pela qual não usamos o método de Barbieri hoje é que algumas pessoas que tentaram adotá-lo depois dele acabaram morrendo.

Além da questão da segurança, o empecilho mais comum ao jejum é que as pessoas entram em um estado de inanição e começam a comprometer seus músculos quando não se alimentam constantemente. É verdade que, ao ficar em jejum por um longo período, seu corpo desacelera o metabolismo e, por fim, começa a queimar os músculos como combustível. No entanto, isso não é algo que acontece em um ou dois dias de jejum. Os estudos mostram que o metabolismo não diminui se uma pessoa fizer jejum em dias alternados, por exemplo. Na verdade, o metabolismo e a queima de gordura aumentam. Isso faz sentido do ponto de vista evolutivo: quando um animal não tem comida, ele precisa sair para encontrá-la, e isso significa que sua atividade deve aumentar, não diminuir.

Além disso, as pesquisas mostram que as pessoas que começam a fazer musculação e ao mesmo tempo se alimentam dentro de uma janela restrita ganham a mesma quantidade de massa muscular que as pessoas que comem regularmente. E um estudo em que os participantes jejuaram em dias alternados durante oito semanas revelou que a massa gorda dessas pessoas diminuiu, mas a massa muscular não.

Fique à vontade para tomar outra xícara de café

Os estudos sugerem que pessoas que bebem algumas xícaras de café por dia (entre duas e quatro) têm uma taxa de mortalidade mais baixa do que aquelas que não bebem café. Isso não significa que beber café *cause* essa diferença, mas o café tem algumas características que imaginamos ser, no mínimo, benéficas. Primeiro, a cafeína é um supressor de apetite, e sabemos que comer menos pode ser benéfico. Algumas pessoas até tomam café durante o jejum, pois ele pode ajudar a manter a fome sob controle e não tem calorias quando não adicionamos leite, açúcar ou creme. No entanto, até mesmo o hábito de beber café descafeinado está correlacionado a uma vida mais longa, então é possível que os benefícios do café para a saúde venham de alguma outra coisa também.

Capítulo 20

A nutrição do culto à carga

A restrição calórica pode ser uma boa estratégia para a extensão da vida, mas em algum momento precisamos comer. A questão é: comer o quê?

Há tantas dietas diferentes por aí que poderíamos fazer experimentos pelo resto de nossas vidas: baixo teor de carboidratos ou baixo teor de gordura? Que tal se tornar vegano? Ou talvez tentar a dieta paleolítica, a cetogênica, a mediterrânea — ou quem sabe a dieta das balas de gelatina?

Quando se começa a pesquisar sobre nutrição, é fácil escolher uma nova dieta com convicção. Você acaba encontrando um guru que lhe parece confiável e ele vai dizer algo surpreendente. O bacon na verdade é saudável! Veja aqui um estudo que comprova isso. O estudo será legítimo, com gráficos bonitos e palavras pomposas. Veja bem, diz o guru, as pessoas são ignorantes. Não precisa se preocupar, meus dados mostram claramente que o bacon é saudável.

Certo dia, enquanto devora uma bandeja de bacon e bate boca com a família, você consulta novamente aquele estudo impressionante. Vou mostrar para eles! Mas, durante o processo, você encontra outro estudo. E esse conclui o oposto — o bacon *vai* lhe causar um ataque cardíaco. O estudo é embasado, traz muitas referências e, no fim dessa nova e imprevisível jornada, surge outro guru confiável. Ele explica de forma objetiva que o bacon está no *topo* da lista de alimentos que fazem mal à saúde e que qualquer pessoa que o coma terá uma morte prematura. Você empurra a bandeja para o lado. Como pode ter sido tão idiota?

Meses se passam e, certa noite, ao ler as notícias, você se depara com uma matéria. "Novo estudo: o bacon pode aumentar sua expectativa de vida." O artigo entrevista mais um guru que parece confiável. Ele explica por que os estudos anteriores sobre o bacon têm falhas fundamentais. A nova pesquisa, que corrige essas falhas, prova que o bacon é extremamente saudável. "No início, eu estava cético", diz ele. Mas depois de uma dieta comendo somente bacon, ele perdeu 45 kg e agora consegue levantar um sedã compacto.

Tudo bem, embora esteja exagerando um pouco, o mundo da ciência da nutrição é de fato muito difícil de navegar. Os mesmos alimentos que um dia são saudáveis deixam de ser no dia seguinte — ou talvez sejam as duas coisas ao mesmo tempo — de acordo com diferentes fontes. E não é preciso ir muito longe para que todos eles pareçam causar câncer.

Há uma série de motivos pelos quais a ciência da nutrição é tão contraditória. Um dos mais óbvios é que alguns estudos são financiados por empresas alimentícias. Para a surpresa de todos, os estudos patrocinados pelo setor geralmente produzem resultados que são benéficos para seus financiadores.

Em outros casos, porém, a culpa não é da indústria alimentícia malvada. Às vezes, a culpa é *nossa*. Um estudo que afirma que o chocolate é saudável será comemorado com queima de fogos. Enquanto isso, os vinte estudos que o contradizem serão esquecidos. É muito mais fácil convencer as pessoas de algo que é conveniente ou prazeroso; nosso cérebro racionalizador se agarra a qualquer oportunidade para justificar o consumo de mais chocolate. Mas, como disse o famoso físico Richard Feynman: "O primeiro princípio é que você não deve enganar a si mesmo — e você é a pessoa mais fácil de enganar."

Junto a todos esses problemas mais óbvios, há também algumas questões mais sutis das quais precisamos estar cientes se quisermos ter uma vida longa.

* * *

Durante a Segunda Guerra Mundial, as forças armadas norte-americanas e japonesas construíram bases aéreas em várias ilhas do Pacífico Sul. As bases proporcionaram a muitos nativos das ilhas seus primeiros contatos com o mundo moderno. Foi uma surpresa. Ali estavam eles, no trabalho árduo para conseguir o sustento — cuidando de suas plantações e gado, construindo casas e fabricando armas à mão. Enquanto isso, os estrangeiros tinham um suprimento infinito de alimentos, roupas, remédios e equipamentos de outro mundo que vinham pelo ar. Eles realizavam alguns rituais, como marchar para a frente e para trás, gritar uns com os outros e acenar para o céu. Em seguida, máquinas enormes surgiam trazendo mais mercadorias do que os nativos conseguiriam produzir em muitas encarnações. Somente os deuses seriam poderosos o bastante para prover essa abundância.

No entanto, com o fim da guerra, os estrangeiros desapareceram — assim como toda a sua preciosa carga. Os nativos queriam desesperadamente que os aviões voltassem. Mas como? Eles tentaram recorrer aos deuses imitando os estranhos rituais dos estrangeiros. Eles abriram pistas de pouso na floresta e marcharam para cima e para baixo com armas de bambu. Fizeram fones e rádios com coco e canudos. Construíram até escritórios de madeira, torres de controle aéreo e aviões. Por fim, tudo aquilo foi se transformando em diferentes religiões, apelidadas pelos antropólogos de "cultos à carga". Alguns desses cultos à carga existem até hoje e sua crença é a de que, um dia, os deuses irão notar seus rituais e tornar a enviar aviões de carga.

Os membros dos cultos à carga empregam uma de nossas técnicas de aprendizado mais poderosas: a imitação de pessoas bem-sucedidas. Em nosso mundo, você pode copiar tudo a respeito de sua celebridade favorita do esporte, da música ou do ramo empresarial. Nem sempre o que torna essas pessoas bem-sucedidas é algo óbvio; portanto, se deseja ter o mesmo sucesso, faz sentido copiar praticamente tudo — seja começar o dia às 4h com um banho congelante, ler vorazmente ou só usar gola rulê preta. Mas, quando não entendemos o que "gera" esse sucesso, corremos o risco de copiar apenas um monte de características superficiais insignificantes, como nos cultos à carga.

Na verdade, algo parecido acontece o tempo todo na ciência da nutrição. Estudamos pessoas de vida longa tentando descobrir os segredos da longevidade, mas muitas vezes acabamos simplesmente copiando um monte de características superficiais de pessoas ricas e instruídas. Veja, em média, pessoas ricas e instruídas vivem mais do que as pobres e menos instruídas. Alguém com um diploma de bacharel pode esperar viver vários anos a mais do que alguém com apenas o ensino médio. Essa tendência é verdadeira em todos os países do mundo, e essa diferença parece estar aumentando com o tempo.

Essa disparidade na longevidade se deve ao fato de que a riqueza e a educação garantem que as pessoas sigam orientações sobre saúde com mais atenção. A explicação para isso eu deixo a cargo dos sociólogos. Mas o fato é que, quanto mais rico e instruído você for, maior a probabilidade de se exercitar com regularidade, tomar vacinas, não fumar e ter um peso saudável. Esses hábitos que promovem a saúde obviamente são ótimos para se copiar, mas como podemos distinguir esses hábitos de todas as outras coisas que as pessoas ricas e instruídas fazem?

Por exemplo, sabemos que o uso de óculos é mais comum entre grupos de pessoas instruídas. Se fizéssemos um estudo para tentar encontrar características que se correlacionam com uma vida longa, o uso de óculos seria uma delas. Apesar disso, é evidente que usar óculos não influi na expectativa de vida de ninguém. Não poderíamos pegar uma pessoa na rua e prolongar sua vida colocando um par de óculos nela. Eu também não o aconselharia a estragar sua vista de propósito em nome da longevidade.

Você já deve ter ouvido a frase "correlação não implica causalidade". Essencialmente, duas coisas podem estar correlacionadas (mesmo que fortemente) sem que uma cause a outra. Os nativos do Pacífico Sul observaram que havia uma forte correlação entre fazer gestos em direção ao céu e a chegada de um avião. Mas esses gestos não tinham nada a ver com a *causa* da chegada do avião. Da mesma forma, há uma forte correlação entre o número de pessoas que morrem de insolação em um determinado dia e a quantidade de sorvete vendida. Entretanto, isso não significa que tomar sorvete faz com que as pessoas tenham insolação e morram. Na verdade, tanto a venda de sorvete quanto o número de insolações são causados por temperaturas mais altas, e uma coisa não afeta a outra.

Há um exemplo real de um culto à carga relacionado à longevidade surgindo na ensolarada cidade de Loma Linda, no sul da Califórnia. Loma Linda é conhecida como uma das Zonas Azuis, e seus habitantes têm sido amplamente estudados por sua longevidade. Boa parte da população é adventista do sétimo dia e se abstém de comer carne devido à religião (originalmente inspirada por John Harvey Kellogg, cuja linha de produtos de café da manhã você já deve ter experimentado). Após décadas de pesquisa, o consenso é de que um estilo de vida sem carne proporciona aproximadamente três anos adicionais de vida. Em Loma Linda, os veganos são os que vivem mais tempo, depois os vegetarianos, seguidos pelos semivegetarianos e, por fim, os que comem carne.

Mas, como você já deve ter imaginado, os números dizem mais coisas. O veganismo e o vegetarianismo são mais populares entre pessoas ricas e instruídas. Você encontra muito mais restaurantes vegetarianos em uma cidade universitária do que nas periferias. Isso significa que veganos e vegetarianos tendem a ter muitos outros hábitos saudáveis: eles se exercitam mais do que a média, bebem menos álcool, fumam menos e têm um índice de massa corporal mais saudável. Os veganos de Loma Linda têm um IMC médio de 23, o que se reflete em sua expectativa de vida. Os vegetarianos têm 25,5. Já os semivegetarianos têm um IMC de 27, enquanto a média dos carnívoros é de 28. Então, será que é realmente a falta de carne que prolonga a vida?

Os epidemiologistas estão bastante cientes do problema e desenvolveram várias soluções possíveis. A mais comum é tentar levar em conta as diferenças de saúde antes de comparar grupos de pessoas. Por exemplo, antes de comparar a expectativa de vida entre veganos e carnívoros, poderíamos subtrair o efeito que sabemos que os exercícios extras, as menores taxas de tabagismo e um IMC mais saudável trazem para os veganos. Dessa forma, podemos fingir que estamos comparando grupos semelhantes de pessoas. Quando isso é feito, o que prolonga a vida não é mais o veganismo.

Outro bom exemplo é o vinho tinto. Há muitos estudos afirmando que o vinho tinto faz com que você viva mais, pois o consumo da bebida e a longevidade estão correlacionados. Muitos estudos focam tentar descobrir a origem desses benefícios à saúde, e os atribuem a todos os tipos de moléculas encontradas no vinho. Mas, para a surpresa de ninguém, vinho tinto é disparada a bebida de preferência entre a população rica e instruída. O que significa que as pessoas que bebem muito vinho tinto são como os veganos e vegetarianos discutidos acima. Elas têm IMCs abaixo da média, bem como hábitos saudáveis em geral, por isso não podemos concluir que o vinho tinto está tornando essas pessoas saudáveis. O mais provável é que sejam os outros hábitos.

* * *

Se realmente quisermos saber se determinado alimento ou hábito não apresenta apenas uma *correlação* com benefícios à saúde, mas é também um *causador* desses benefícios, o padrão ouro é algo chamado estudo clínico randomizado controlado. Já vimos esse conceito algumas vezes aqui. Em um estudo clínico randomizado controlado, os cientistas reúnem um grupo de pessoas e as dividem em dois grupos com características de base iguais. Um grupo recebe uma intervenção — um medicamento, uma nova rotina de exercícios, uma nova dieta — enquanto o outro grupo recebe placebo. Em seguida, deixa-se passar o tempo para verificar se há alguma disparidade em um determinado resultado, como o tempo de vida ou o desenvolvimento de uma doença.

Podemos ter notado que as pessoas que comem muito espinafre tendem a ser musculosas, por exemplo. Se quisermos saber se o espinafre *faz* com que seus músculos cresçam, poderíamos fazer um estudo randomizado controlado. Nesse caso, reuniríamos os sujeitos do teste, os dividiríamos em dois grupos e pediríamos a um grupo que comesse espinafre todos os dias durante os meses seguintes. Em seguida, acompanharíamos se esse grupo teve um maior crescimento muscular em comparação ao grupo que se alimentou normalmente.

Embora os estudos randomizados controlados sejam mais difíceis de realizar do que apenas buscar correlações, você ficaria surpreso com a quantidade de questões que foram investigadas dessa forma ao longo dos anos. Estamos falando de coisas como o uso de parasitas vivos para o tratamento de alergias, ou o combate à cegueira por meio de proteínas das algas. No entanto, a medicina moderna tem também sua lista de favoritos. Há dois suplementos em particular que foram testados em análises controladas e randomizadas para praticamente *tudo*, inclusive a capacidade de prolongar a vida.

O primeiro é o óleo de peixe — ou, para ser mais específico, os ácidos graxos ômega-3. Os ômega-3 são ácidos graxos poli-insaturados que desempenham funções vitais em nossa fisiologia. Entre outras coisas, nós os utilizamos nas membranas celulares e como material de partida para a produção de outros compostos importantes. Nossa obtenção de ômega-3 vem principalmente dos alimentos, e as melhores fontes são os peixes gordurosos como o salmão, a cavala e o arenque. As pesquisas concluíram repetidas vezes que um alto consumo de peixe está associado a uma vida longa, e o ômega-3 é o principal suspeito. Por exemplo, quanto mais ácidos graxos ômega-3 uma pessoa tem no sangue ou nas membranas celulares, mais tempo ela tende a viver.

Nesse momento, seu novo detector de papo furado pode estar entrando em ação. As pessoas ricas e instruídas não comem mais peixes do que as outras? Seria esse o motivo dessas correlações? Certamente há mais pratos de frutos do mar em restaurantes sofisticados do que no McDonald's. As autoridades de saúde recomendam o consumo de peixe há décadas, e os estudos de fato mostram que as pessoas ricas e instruídas comem mais peixe. É por isso que devemos ignorar as correlações e recorrer a estudos controlados e randomizados.

Em estudos controlados e randomizados sobre óleo de peixe, os benefícios à saúde são muito mais modestos do que poderíamos esperar de maneira leiga. Acontece que grande parte da correlação entre o consumo de peixe e a saúde *se deve* ao fato de pessoas ricas e instruídas comerem mais peixe, e não a algo relacionado ao peixe em si. Entretanto, para sermos justos, os benefícios à saúde não desapareceram por completo. Se analisarmos através de lentes cor-de-rosa e com um pouco de boa vontade, os estudos controlados e randomizados vão nos mostrar que os suplementos de óleo de peixe podem trazer alguns benefícios à saúde. Eles parecem reduzir o risco de várias doenças do coração e dos sistemas cardiovasculares, e funcionam melhor em altas doses.

Portanto, como o peixe é saboroso e os suplementos de óleo de peixe são fáceis de tomar, não faz mal nenhum incluí-los em uma dieta voltada para a longevidade. Não há nenhum indício de que façam mal após o estudo em milhões de pessoas, o que significa que o pior que pode acontecer é você não sentir nenhum benefício. Como sempre, é preferível ingerir o alimento verdadeiro a tomar um suplemento. O peixe pode ter outros efeitos benéficos à saúde além daqueles obtidos com o óleo de peixe. Porém, essa proteína também é cara e, sinceramente — se você for como eu —, é difícil de cozinhar.

Ao usar suplementos de óleo de peixe, é importante escolher um cujo teor de ômega-3 tenha sido testado. Alguns contêm muito pouco, enquanto outros podem ser de baixa qualidade ou conter poluentes. Existem muitos produtos adulterados por aí.

Existem adulterações nos próprios peixes e frutos do mar. Em uma série de estudos tragicômicos, os cientistas descobriram que muitos peixes vendidos em restaurantes e supermercados não são o que dizem ser. Alguém em algum lugar da cadeia de suprimentos deve ter percebido que as pessoas não entendem nada de peixe. Então, eles simplesmente substituem o peixe mais valorizado por algum outro mais barato. Por exemplo, em um estudo realizado em vários países, descobriu-se que 40% do "pargo" à venda não era pargo de fato. Em um outro estudo, quase metade dos sushis analisados em Los Angeles foi preparado com um peixe diferente do declarado. E, em um terceiro estudo, muitos "bolinhos de camarão" em Cingapura não continham nenhum camarão. Alguém teve a audácia de substituí-los por carne de *porco* e escapar impune.

* * *

Se o óleo de peixe é o príncipe dos suplementos, a vitamina D então é o rei. Há tantos estudos sobre a vitamina D por aí que, francamente, você deveria sentir pena de mim por ter que analisá-los.

Mais uma vez, em uma leitura superficial, a história é perfeitamente clara. Os baixos níveis de vitamina D estão bastante associados à morte precoce. No entanto, como venho repetindo à exaustão, isso não quer dizer que existe necessariamente uma relação de causalidade. Na verdade, há vários motivos para acreditar que *não há* causalidade.

Em primeiro lugar, podemos ter entendido tudo ao contrário. Acontece que muitas doenças causam a queda dos níveis de vitamina D, e não o contrário. Isso significa que apresentar baixos níveis não causam as doenças às quais eles estão associados. Na verdade, são *as doenças* que causam os baixos níveis de vitamina D.

Segundo, existe o incômodo problema de que as pessoas pobres tendem a apresentar níveis mais baixos de vitamina D do que as pessoas ricas.

E, em terceiro, a vitamina D é uma vitamina solúvel em gordura (ou, na verdade, um hormônio). Tudo indica que as pessoas com excesso de massa gorda têm baixos níveis de vitamina D, e isso pode ocorrer por conta de uma retenção no tecido adiposo. Em outras palavras, o excesso de peso pode diminuir os níveis de vitamina D, e sabemos que o excesso de peso também promove o desenvolvimento de várias doenças.

Para decidir essa questão do ovo ou a galinha, é necessário recorrer mais uma vez a estudos controlados e randomizados. Ou seja, estudos em que os cientistas dão suplementos de vitamina D às pessoas e as acompanham para descobrir se esses suplementos melhoram sua saúde.

No caso da vitamina D, nós *realmente* precisamos usar lentes cor-de-rosa para encontrar um benefício. Ao reunir os diversos estudos, os cientistas concluíram que os suplementos de vitamina D não diminuem o risco de morte ou o risco de doenças mais relevantes relacionadas à idade. Em nome da longevidade, você pode gastar seu dinheiro com outra coisa.

O álcool faz mal?

Não há dúvida de que o consumo excessivo de álcool é extremamente prejudicial à saúde, mas a grande questão é se é benéfico — ou pelo menos aceitável — tomar alguns drinques. Em estudos de correlação entre a ingestão de álcool e a longevidade, há uma curva em forma de J que se assemelha à hormese. Ou seja, as pessoas que bebem com moderação na verdade vivem mais do que as que não bebem nada (enquanto as que bebem muito, obviamente, morrem mais cedo do que ambas). O fato de que o consumo leve de álcool prolonga a vida é uma daquelas crenças das quais é fácil se convencer. Afinal de contas, seria ótimo, não é? Como resultado, os benefícios para a saúde de um baixo consumo de álcool são divulgados com frequência. Mas isso também significa que o ceticismo é justificado, claro.

O problema desses estudos é que o grupo de pessoas que não bebem inclui muitos ex-alcoolistas. Anos de abuso da substância causam danos prolongados; portanto, mesmo que um alcoólatra tenha conseguido parar de beber, sua expectativa de vida ainda é reduzida (embora por muito menos do que se tivesse continuado). Como resultado, o grupo de "não bebedores" é uma colcha de retalhos com pessoas que são abstêmias a vida inteira e ex-alcoólatras. E se você remover os ex-alcoólatras, os benefícios de alguns drinques por semana desaparecem — afinal, os que bebem pouco não vivem mais do que os abstêmios. No entanto, para sermos justos, ainda assim não há uma grande diferença entre abstêmios e consumidores moderados, desde que moderação seja ficar abaixo de cinco drinques por semana.

Capítulo 21

Alimentos que dão o que pensar

A enzima amilase é uma parte importante do nosso metabolismo de carboidratos. Secretamos amilase na saliva e no sistema digestivo, onde ela nos ajuda a quebrar o amido de alimentos como pão, arroz e batata. Isso quer dizer que a amilase é especialmente importante para quem segue uma dieta baseada na agricultura. Quando os caçadores-coletores se estabeleceram em um único território e passaram a cultivar alimentos, a capacidade de digerir o amido tornou-se vital para a saúde e a sobrevivência. Podemos ver os desdobramentos disso em nossa genética atual.

Veja bem, os seres humanos evoluíram até possuir várias cópias do gene da amilase (e, curiosamente, nossos cães também). Todas as cópias fazem a mesma coisa — produzem amilase —, mas ter várias cópias nos ajuda a produzir mais e melhora a digestão do amido.

Nossa mudança para a agricultura é relativamente recente na linha do tempo da evolução, e se deu em épocas diferentes ao redor do mundo. Isso significa que as adaptações às dietas baseadas na agricultura ainda não são distribuídas de maneira universal. Os cientistas descobriram, por exemplo, que o número de genes da amilase varia de duas cópias em algumas pessoas a mais de dez em outras. Em média, os povos que cultivam alimentos há muito tempo, como os europeus e os asiáticos orientais, têm mais genes de amilase do que os que desenvolveram sua agricultura mais tarde. Entretanto, mesmo entre os europeus e os asiáticos orientais, alguns indivíduos possuem poucos genes de amilase, o que os torna menos adequados a uma dieta rica em amido.

A amilase é apenas um componente menor do nosso metabolismo, mas conhecemos várias outras variantes genéticas distribuídas de maneira igualmente irregular. Um exemplo clássico são as variantes genéticas que permitem a quebra da lactose, o açúcar encontrado no leite. Originalmente, apenas os bebês conseguiam digerir a lactose, que era necessária para que eles pudessem se alimentar com o leite materno. Entretanto, há milhares de anos surgiram mutações que estenderam essa capacidade até a idade adulta. Essas mutações seriam inúteis para os caçadores-coletores (onde eles conseguiriam o leite?), mas para um fazendeiro que agora pode subsistir com laticínios, elas são ouro puro. Em minha terra natal, a Dinamarca, próxima à origem dessas mutações, quase todos os adultos conseguem digerir a lactose atualmente. As mutações se tornam mais raras à medida que você se afasta do norte da Europa, mas isso só é assim porque elas ainda não tiveram tempo de se espalhar. Ser tolerante à lactose é uma vantagem óbvia para um agricultor. Se não tivéssemos chegado à modernidade, a tolerância à lactose continuaria a se espalhar porque aqueles que conseguissem digerir o leite poderiam obter mais calorias e aumentar suas chances de sobreviver e ter filhos. Mas, por enquanto, a tolerância à lactose é distribuída de forma desigual, e exatamente o mesmo alimento pode ser uma fonte saudável de cálcio para algumas pessoas e causar diarreia severa em outras.

Em alguns casos, existem até variantes genéticas *opostas* em diferentes pessoas. Tomemos como exemplo os genes FADS1 e FADS2, que codificam as enzimas envolvidas na produção de moléculas pelo corpo chamadas ácidos graxos poli-insaturados de cadeia longa. Entre essas moléculas de nome complicado estão alguns ácidos graxos ômega-3. O povo inuíte da Groenlândia tem uma dieta rica em peixes há milhares de anos, o que lhes fornece ômega-3 em abundância. Como resultado, eles apresentam uma alta incidência de variantes genéticas nos FADS1 e FADS2 que limitam a produção feita pelo corpo, já que essa produção deixa de ser necessária a partir do momento em que as moléculas podem ser obtidas na dieta com facilidade. Por outro lado, há comunidades historicamente vegetarianas em Pune, na Índia, onde a maioria das pessoas tem versões do FADS2 que *melhoram* a produção de ácidos graxos poli-insaturados de cadeia longa do organismo. Isso é muito vantajoso quando a ingestão alimentar é baixa, como ocorre em uma dieta vegetariana.

Então, para ser saudável, você deve seguir uma dieta com baixo teor de carboidratos? Beber leite? Tornar-se vegetariano? A peça do quebra-cabeça que nos faltava até agora é que isso depende da sua genética. Um amigo seu pode tentar uma dieta vegetariana e se sair muito bem, enquanto você se sente melhor com uma dieta de pouco carboidrato. Isso não significa que um de vocês esteja mentindo ou que um seja mais saudável do que o outro mesmo que suas dietas sejam quase completamente opostas.

★ ★ ★

A maioria de nossos esforços em prol da saúde ainda é realizada de forma cega. Ouvimos que algo é "saudável" e cruzamos os dedos para que seja verdade. Como você já deve ter aprendido, na maioria das vezes não é. Algo pode ser saudável para você sem que seja saudável para mim. Por exemplo, quando um estudo conclui que "o consumo de espinafre promoveu um ganho de 25% em massa muscular", isso é verdade *em média*. Não significa que todas as pessoas que comeram espinafre ganharam 25% a mais de massa muscular. Algumas ganharam mais, outras ganharam menos; algumas podem não ter ganhado nada ou até mesmo ter perdido massa muscular.

Como aprendemos, nem sempre somos comparáveis, e é por isso que a abordagem às cegas é falha na maioria das vezes. Portanto, em vez de tentar adivinhar, devemos realmente medir o que está acontecendo em nosso corpo e adaptar nossa abordagem de maneira condizente. Por exemplo, poderíamos começar a comer espinafre e de fato medir como isso afeta nossa própria massa muscular, força ou marcadores biológicos do sangue. Ou podemos usar combinações dessas medições para escolher a dieta, a rotina de exercícios ou o estilo de vida ideais.

O motivo de ainda não estarmos coletando dados sobre nós mesmos em uma escala assim se resume a limitações tecnológicas e econômicas. Em alguns casos, nos falta conhecimento, como quando se trata de interpretar grande parte de nossa genética, por exemplo. Podemos "ler" nossos genes utilizando o que chamamos de "sequenciamento do genoma", mas a interpretação é mais difícil e ainda está em seus estágios iniciais.

Em outros casos, sabemos o que fazer, mas é um tanto problemático. Por exemplo, ainda precisamos de coletas de sangue invasivas para medir a maioria dos biomarcadores do sangue, como níveis de hormônios, metabólitos, vitaminas e marcadores de inflamação. Na maioria dos casos, é muito caro medir os biomarcadores com frequência. Se você tem algum conhecimento ou interesse nessas áreas, fica aqui a minha mais forte recomendação para que nos dê uma chance e colabore. Ter acesso a mais dados sobre nossos corpos pode desencadear uma revolução na saúde e no bem-estar.

Como já discutimos, um relógio biológico preciso é o que há de mais valioso para os biomarcadores da longevidade. Ou seja, algum biomarcador que possamos rastrear ao longo do tempo para determinar a taxa de envelhecimento do nosso corpo. Atualmente, as melhores apostas são os relógios de encurtamento de telômeros e os relógios epigenéticos. Ambos são úteis quando estudamos grandes grupos de pessoas, mas, infelizmente, os relógios biológicos ainda não são precisos o suficiente em relação a indivíduos.

Por enquanto, a escolha mais inteligente é utilizar os biomarcadores que estão prontamente disponíveis para nós. Um dos mais óbvios é o índice de massa corporal, pois é sabido que o sobrepeso ou a obesidade trazem desvantagens significativas para a saúde. Mas também existem biomarcadores sanguíneos que vale a pena investigar, embora ainda exijam uma consulta médica. Vamos dar uma olhada.

Capítulo 22

Dos monges medievais à ciência moderna

Como discutimos anteriormente, uma das melhores maneiras de prolongar a vida do minúsculo verme *C. elegans* é desativando a versão que o verme tem do gene IGF-1, que promove o crescimento. O nome real desse gene é daf-2, e ele não é apenas um substituto do IGF-1 — é também a versão do hormônio insulina do verme.

A insulina, assim como o IGF-1, promove o crescimento, mas sua função principal é regular o açúcar no sangue. Quando ingerimos carboidratos, as enzimas do intestino decompõem a maioria dessas formas variadas em glicose, um açúcar simples. Nós absorvemos essa glicose e, assim que entra no sangue, ela passa a ser chamada de "glicemia". Nossas células usam a glicose do sangue como combustível, e é aí que a insulina entra em cena. Quando a glicemia aumenta após uma refeição, secretamos insulina do pâncreas para permitir a absorção celular. É possível imaginar a insulina como uma pequena chave que abre um portão na célula permitindo a entrada da glicose. Esse mecanismo nos ajuda a abastecer as células, mas também é necessário porque os níveis elevados de glicemia podem danificar os vasos sanguíneos. Isso significa que queremos reduzir o nível glicêmico do sangue, que aumenta depois que comemos, mesmo quando nossas células não precisam de energia naquele momento. Fazemos isso sobretudo ao transportar o açúcar para as células de gordura, onde ele pode ser convertido em gordura e armazenado. No entanto, se os níveis de açúcar no sangue ainda permanecerem altos, o último recurso é excretá-lo na urina.

Desde os tempos do Egito antigo, os médicos descrevem pacientes com sede interminável, fadiga e tendência a urinar muito. Por algum motivo, várias pessoas descobriram que a urina desses pacientes tende a ter um sabor adocicado. Agora sabemos que isso ocorre porque o corpo dos pacientes está tentando reduzir o nível de glicose no sangue. Eles têm diabetes, conhecida como "a doença do açúcar" em meu dinamarquês nativo. Na diabetes, a insulina não consegue reduzir suficientemente o açúcar no sangue, fazendo com que o corpo fique desesperado para se livrar dele. Há uma versão autoimune, a diabetes tipo 1, em que o sistema imunológico mata por engano as células produtoras de insulina. Mas há também uma versão atrelada ao estilo de vida, chamada diabetes tipo 2. Nesse caso, os pacientes produzem insulina, mas suas células se tornam cada vez menos responsivas a ela. A chave não consegue mais abrir o portão. Isso parece ocorrer principalmente em pessoas com sobrepeso e que consomem grandes quantidades de alimentos processados.

Embora a diabetes tipo 2 seja uma doença, existem níveis do que é chamado de "sensibilidade à insulina" mesmo entre pessoas saudáveis. Ou seja, pessoas diferentes precisam de quantidades diferentes de insulina para remover o açúcar do sangue. Você pode imaginar a sensibilidade à insulina como um espectro. De um lado, as células de um atleta serão sensíveis à insulina, exigindo apenas uma pequena quantidade dela para absorver o açúcar do sangue. No outro extremo, as células de uma pessoa diabética não vão reagir mesmo com altos níveis de insulina.

Se fizermos uma estimativa com base no verme *C. elegans*, é provável que as pessoas sensíveis à insulina vivam mais. Afinal de contas, a redução do equivalente à sinalização dela aumenta o tempo de vida dos vermes. Os cientistas descobriram que os humanos centenários de fato tendem a ser sensíveis à insulina e a ter um controle rígido do açúcar no sangue. Da mesma forma, o tempo de vida dos camundongos pode ser aumentado quando a sinalização da insulina nas células de gordura é desativada.

Infelizmente, os níveis de insulina e de glicose no sangue tendem a aumentar com a idade, assim como o risco de diabetes. Na década de 1990, o pesquisador sueco Staffan Lindeberg se perguntou se realmente tinha que ser assim. Lindeberg estava estudando o povo de Kitava, uma exuberante ilha tropical pertencente à Papua Nova Guiné. A dieta tradicional dos kitavans é baseada nos cultivos locais, como inhame, taro, frutas e cocos, complementada com um pouco de peixe. Essa dieta é composta por 69% de carboidratos, ou seja, não é exatamente o que chamamos de *low-carb*. Poderíamos ingenuamente esperar que isso significasse que os kitavans tenderiam a ter altos níveis de açúcar no sangue e de insulina.

Lindeberg testou essa teoria coletando amostras de sangue de suecos comuns e comparando-as com amostras de sangue dos kitavans. Ele descobriu que os nativos tinham menos insulina no sangue do que os suecos, apesar de terem uma dieta mais rica em carboidratos. E enquanto os níveis de insulina aumentavam com a idade entre os suecos, o mesmo não existia entre os kitavans. Em geral, os kitavans eram excepcionalmente saudáveis. Lindeberg só conseguiu encontrar duas pessoas com sobrepeso na ilha, e ambas estavam de visita à terra natal depois de terem se mudado para uma cidade grande no continente para se tornarem empresárias.

Os kitavans provam que os carboidratos em si não são o problema quando se trata de sensibilidade à insulina. Se você tiver um peso saudável, como eles, e seus carboidratos vierem de alimentos integrais, e não dos doces, você será sensível à insulina e saudável. Entretanto, na realidade, a maioria de nós não consegue comer como os kitavans o tempo todo. Se ainda quisermos ser saudáveis, a abordagem ideal seria medir nossa sensibilidade à insulina e os níveis de glicose no sangue enquanto experimentamos diferentes dietas ou alimentos.

Sabemos que as pessoas podem ter picos de glicose no sangue em proporções muito diferentes ao comer os mesmos alimentos, desde aveia até doces. Isso pode ocorrer em parte devido à genética, mas um outro motivo é o microbioma intestinal. Há uma curiosa correlação entre espécies específicas de bactérias intestinais e o tamanho dos picos de glicose no sangue causados por diferentes alimentos.

A abordagem que demanda menos tempo e parafernália para nos tornarmos mais parecidos com os kitavans seria adotar alguns hábitos testados e comprovados. O melhor deles é fazer exercícios — ou simplesmente se movimentar — depois de comer. Os músculos são o principal destino do açúcar no sangue, e o simples fato de usá-los pode ajudar a reduzir substancialmente os picos de glicose. Até mesmo uma caminhada curta ou alguns exercícios com o peso do corpo após uma refeição podem ser benéficos.

No entanto, há também abordagens mais drásticas para controlar o açúcar no sangue, sendo que a mais fascinante delas nos leva aos jardins dos mosteiros medievais.

* * *

Se você vivesse na Idade Média e começasse a sentir os sintomas de diabetes, como sede insaciável, fadiga e vontade frequente de urinar, possivelmente seria enviado a algum monge em um mosteiro. Depois de ouvir suas queixas, ele iria até o jardim, pegaria um belo arbusto lilás e prepararia uma poção para você. O arbusto — a arruda caprária, ou galega — não é um tratamento mágico. Uma substância dessa planta perene pode de fato reduzir a glicose no sangue e atenuar os sintomas da diabetes. Ainda a utilizamos hoje, embora a substância original tenha sido transformada em um medicamento que é chamado de metformina e foi aprovado para o tratamento da diabetes em 1957. Desde então, ela tem sido um dos medicamentos para diabetes mais usados em todo o mundo.

Depois de décadas como um medicamento para a diabetes pouco conhecido, a metformina entrou de repente no cenário do antienvelhecimento. Em um estudo agora famoso, os pesquisadores compararam a expectativa de vida de três grupos: pessoas saudáveis, diabéticos que tomavam metformina e diabéticos que usavam outros medicamentos. Como esperado, a maioria dos diabéticos teve uma vida mais curta do que a média. Com uma única e gritante exceção: os diabéticos que tomavam metformina viviam *mais* do que a média dos não diabéticos. Ou seja, ao usar metformina, essas pessoas — que sofrem de uma doença que encurta a vida — viveram mais do que o grupo de controle saudável comparado. Isso quer dizer que a metformina é o primeiro medicamento antienvelhecimento?

Talvez você se surpreenda ao saber que, embora conheçamos os *efeitos* da metformina — redução da glicose no sangue, melhora da sensibilidade à insulina —, não sabemos ao certo *como* ela funciona, embora tenha sido aprovada há décadas e seja usada diariamente por milhões de pessoas. A teoria mais amplamente aceita é que a metformina ativa uma enzima chamada AMPK, que funciona como um sensor de energia em nossas células. Em condições normais, a AMPK é ativada quando a célula não tem energia. Ela coloca a célula em uma espécie de estado de economia de energia, como acontece quando uma pessoa está em jejum ou em uma dieta de restrição calórica. Os defensores da metformina argumentam que isso faz com que seja equivalente ao jejum em forma de pílula.

Uma segunda teoria é que a metformina, na verdade, não atua em *nós*, mas em nossas bactérias intestinais. Dar metformina a camundongos melhora a sensibilidade à insulina, mas é possível transferir o efeito ao transferir as bactérias intestinais. Ou seja, ao pegar as bactérias intestinais de um camundongo tratado com metformina e passá-las a um novo camundongo, o novo camundongo também se torna mais sensível à insulina, mesmo que nunca tenha recebido o medicamento. Ambos os efeitos podem agir corretamente e contribuir de forma independente. Não é incomum que os medicamentos atuem em vários locais diferentes ao mesmo tempo. Na verdade, nossos corpos são tão complexos que é quase impossível criar um medicamento que *não* nos afete de várias maneiras. No início da criação de um medicamento, os pesquisadores simplesmente cruzam seus dedos para que nenhuma dessas interações extras provoque efeitos colaterais indesejados.

Uma terceira teoria sobre a metformina é que ela inibe a inflamação e, na minha opinião, é aí que a coisa fica um pouco complicada. Inibir a inflamação no corpo pode parecer uma coisa boa, mas é preciso lembrar que a inflamação — e os danos em geral — nem sempre são ruins. Claro, se você tem grandes processos inflamatórios porque vive à base de salgadinhos e refrigerantes, pode ser uma boa ideia aliviá-los. Mas a inflamação também é um elemento-chave na hormese. Por exemplo, após o exercício, os níveis elevados de inflamação servem como um dos "sinais de dano" que iniciam um efeito cascata de adaptações saudáveis. Portanto, ao inibir a inflamação, a metformina parece inibir também os efeitos benéficos do exercício. Quando as pessoas que não costumam se exercitar tomam metformina e começam a treinar, elas não ganham tanta resistência ou massa muscular quanto aquelas que não tomam metformina, e perdem também as principais adaptações celulares ao exercício.

Dito isso, vários pesquisadores e tecnólogos de destaque estão convencidos dos benefícios da metformina e a utilizam apesar de não serem diabéticos. E esse grupo inclui pessoas com a cabeça no lugar. Eu ainda não a recomendaria porque a capacidade de melhorar a saúde por meio de exercícios deve ter mais peso do que o resultado de um único estudo que mostra um leve prolongamento da vida. Estudos isolados podem estar errados devido a coincidências, equívocos, mal-entendidos, falta de café no laboratório ou o alinhamento errado dos astros. Pessoalmente, eu preciso de mais dados antes de usar um medicamento para diabetes com possíveis efeitos colaterais.

Mas, felizmente, os defensores da metformina levam a sério suas crenças e compartilham essa convicção. Atualmente, eles estão organizando um estudo mais rigoroso para testar a metformina em pessoas saudáveis. No próximo estudo TAME (Targeting Ageing with Metformin, ou "Enfrentando o Envelhecimento com Metformina"), milhares de norte-americanos receberão metformina ou um placebo para testar se o medicamento pode prolongar a vida, em que quantidade e a que custo. Fique ligado.

Capítulo 23

Medir é administrar

Podemos sobreviver a lesões em muitos órgãos. Perder um rim? Tudo bem. Perder metade do fígado? Tudo bem. Perder um membro? Tudo bem. Mas dois órgãos se destacam por sua importância vital: o coração e o cérebro. Se algo de ruim acontecer a qualquer um deles, estaremos em apuros. Isso é visível na lista de nossos maiores assassinos. Na maioria dos países, a principal causa de morte são as doenças cardiovasculares, sobretudo ataques cardíacos e derrames.

Infelizmente, os pesquisadores dessa área sofrem de uma condição que os obriga a tornar cada termo o mais complicado e difícil de escrever possível. No entanto, queremos nos manter saudáveis na velhice, então vamos tentar assim mesmo.

A maioria das doenças cardiovasculares se deve a uma coisa chamada aterosclerose, que, no caso, é um subtipo de arteriosclerose, que não deve ser confundida com arteriolosclerose. Sim, eu sei.

Você pode pensar na aterosclerose como uma placa de gordura que se acumula nas paredes das artérias, como os canos embaixo de uma pia que aos poucos vão se entupindo. Com o tempo (e devido ao declínio que vem com o envelhecimento), esse acúmulo pode acabar causando problemas. Uma artéria pode ficar bloqueada ou um pedaço de gordura pode se deslocar, viajar pela corrente sanguínea e bloquear um vaso sanguíneo menor. Em ambos os casos, o resultado é que o tecido mais à frente não consegue oxigênio suficiente e sofre danos ou morre. De novo, isso é especialmente ruim se esse tecido estiver no coração (ataque cardíaco) ou no cérebro (derrame).

É possível envelhecer sem muita aterosclerose, mas o envelhecimento é um grande fator de risco. Os jovens simplesmente não sofrem ataques cardíacos. Entretanto, os primeiros sinais da aterosclerose podem aparecer cedo na vida. Por exemplo, durante a Guerra da Coreia, os médicos norte-americanos ficaram surpresos ao descobrir que quase 80% dos soldados mortos tinham sinais de placas de gordura nos vasos sanguíneos que irrigavam o coração. Esses homens tinham uma idade média de vinte e dois anos. Acontece que até mesmo *crianças* podem ter vasos sanguíneos com sinais (muito) precoces de desenvolvimento de placas, principalmente se conviverem com fumantes.

Em algumas condições genéticas, o processo de aterosclerose é bastante acelerado. Uma delas, a "hipercolesterolemia familiar", foi batizada para manter os falantes não nativos de inglês, como eu, sem dormir à noite. De agora em diante, podemos chamá-la de "HF". Se não forem tratadas, as pessoas com HF têm de cinco a vinte vezes o risco normal de ataques cardíacos e derrames. Metade dos homens com HF não tratada tem ataques cardíacos antes de completar cinquenta anos, enquanto um terço das mulheres não tratadas os tem antes dos sessenta. Seja lá o que acontece na HF, tudo indica que devemos procurar fazer o contrário.

As mutações que causam a HF tornam o fígado pior na remoção de algo chamado colesterol LDL do sangue. O LDL é, tecnicamente, uma proteína que transporta gorduras pelo corpo, mas podemos pensar no colesterol LDL simplesmente como "colesterol ruim". As pessoas com HF têm níveis muito mais altos de colesterol LDL no sangue do que o normal porque seu organismo não o remove de maneira satisfatória. Às vezes, o acúmulo é tão grande que eles se depositam em manchas amareladas visíveis acima dos olhos. O colesterol também faz parte da placa de gordura que se acumula no interior das artérias; portanto, nesse ponto, temos uma arma do crime.

Também conhecemos pessoas com a disposição oposta à da HF. Certas mutações no gene PCSK9 fazem com que o fígado *remova* de forma agressiva o colesterol LDL do sangue, garantindo níveis anormalmente baixos. Essa condição diminui muito o risco de ataques cardíacos.

O caso se fortalece à medida que observamos o mesmo padrão em pessoas comuns: quanto mais altos forem os níveis de colesterol LDL no sangue ao longo da vida, maior será o risco de sofrer ataques cardíacos e derrames. Mesmo dentro das faixas normais. A redução dos níveis de colesterol LDL mediante o uso de medicamentos ou mudanças no estilo de vida diminui o risco, e a queda é proporcional à queda nos níveis de colesterol LDL. Novamente, mesmo dentro das faixas normais.

Apesar da quantidade esmagadora de evidências, algumas pessoas querem desesperadamente que as doenças cardiovasculares sejam causadas por algo diferente do colesterol. Elas até tentaram criar teorias de conspiração elaboradas em que o colesterol é inofensivo e a Indústria Farmacêutica Malvada quer apenas roubar nosso dinheiro. Uma razão pela qual essa teoria é tentadora para alguns é o fato de os ovos serem uma delícia, mas também apresentarem um alto teor de colesterol. As autoridades de saúde costumavam difamar os ovos com base na lógica de que a ingestão de muito colesterol aumentaria os níveis sanguíneos de colesterol LDL, causando então ataques cardíacos. No entanto, as autoridades de saúde têm relaxado um pouco ultimamente. Se você gosta de ovos, também pode respirar fundo. Veja bem, não obtemos o colesterol apenas dos alimentos; nosso corpo também pode produzi-lo sozinho. Na verdade, a maior parte do colesterol em nosso corpo não vem dos alimentos que ingerimos, mas é produzida por nós. Isso significa que não há necessariamente uma conexão entre a quantidade de colesterol ingerida e a quantidade de colesterol no sangue. Se você ingerir mais colesterol, seu corpo apenas reduzirá a produção própria.

Há alguns exemplos bastante intensos. Em um estudo de caso, os médicos descobriram um homem de oitenta e oito anos com demência que comia 25 ovos cozidos por dia. Ele manteve esse hábito por anos, mas, apesar de ingerir quantidades enormes de colesterol (e de ser idoso), seu colesterol LDL no sangue estava perfeitamente normal. Os médicos nunca teriam suspeitado que esse homem fosse uma encarnação do coelhinho da Páscoa se os cuidadores dele não tivessem contado sobre seu hábito de comer ovos.

O segredo do homem era que seu corpo havia se adaptado à dieta incomum. Os médicos descobriram que ele absorvia apenas um pouco do colesterol que ingeria, que sua perda de colesterol aumentara e que ele produzia pouco colesterol por conta própria. Tudo isso era a maneira de seu corpo manter os níveis de colesterol sob controle enquanto vivia apenas de ovos.

Há resultados semelhantes em estudos realizados nas décadas de 1970 e 1980, em que os médicos experimentaram usar uma dieta de 35 ovos por dia para tratar pacientes com queimaduras graves. Novamente, os pacientes apresentaram valores normais de colesterol no sangue durante os estudos, apesar da imensa ingestão de colesterol.

Não vou recomendar que você experimente essas dietas, mas os ovos *são* deliciosos e também perfeitamente saudáveis. As pesquisas sobre dietas mais razoáveis sugerem que o consumo moderado de ovos (um por dia, em média) não aumenta o risco de aterosclerose.

No entanto, isso não significa que não possamos influenciar os níveis de colesterol LDL por meio de nossas dietas. Você deve ter notado que não incluí muitos conselhos neste livro na forma de "coma esta erva/cogumelo/vegetal específico e viva para sempre". Isso se deve principalmente ao fato de que tais afirmações são quase sempre falsas. Mas vou abrir uma exceção aqui. Na verdade, há boas evidências de que o consumo de alho (tanto na forma de alho real quanto de suplementos) traz vários benefícios à saúde, entre eles a redução dos níveis de colesterol LDL no sangue. Os pesquisadores relataram os seguintes efeitos colaterais: "Cheiro, hálito ou gosto de alho foi percebido em uma proporção maior de participantes do grupo de tratamento ativo." Apesar disso, tenho certeza de que comer mais alho é um hábito que você pode adotar.

Um truque dietético ainda melhor para reduzir o colesterol LDL é ingerir mais fibras alimentares. Veja, antigamente comíamos muito mais fibras do que hoje. Tanto os caçadores-coletores quanto os camponeses medievais tinham que de fato mastigar seus alimentos, e uma das razões é que eles comiam mais alimentos com alto teor de fibras. Os caçadores-coletores modernos que ainda vivem dessa forma têm níveis de colesterol LDL significativamente mais baixos do que nós e riscos sem dúvida menores de doenças cardiovasculares também.

Da mesma forma, nas sociedades modernas, a alta ingestão de fibras alimentares está associada a uma vida longa. Isso é apenas um culto à carga de longevidade, ou seja, seria porque as pessoas ricas e educadas comem mais fibras?

Não. Os estudos controlados e randomizados comprovam que a ingestão de fibras alimentares reduz os níveis de colesterol LDL. Quando as pessoas adicionam mais fibras alimentares às suas dietas, os níveis de colesterol LDL diminuem de forma confiável. O mecanismo também é bem compreendido. Não conseguimos digerir a fibra alimentar, o que significa que ela passa intacta pelo sistema digestivo. No caminho, ela retém uma coisa chamada ácido biliar, que usamos para digerir e absorver a gordura. Nossos corpos tentam reciclar os ácidos biliares reabsorvendo-os após o uso, mas quando eles ficam presos pela fibra, nós os perdemos. Isso significa que o fígado precisa produzir novos ácidos biliares — e o material que inicia essa produção é o colesterol, que é recrutado do sangue. Esse mecanismo pode explicar por que as pessoas modernas tendem a ter níveis elevados de colesterol LDL. Por termos evoluído com dietas ricas em fibras, nossos corpos esperam perder consideravelmente mais ácidos biliares do que perdemos agora e estão prontos para compensar com o colesterol LDL do sangue. Se retirarmos as fibras, os níveis de colesterol LDL ficam bastante altos imediatamente.

Você pode obter mais fibras alimentares de duas maneiras. A solução mais simples é incluir mais alimentos ricos em fibras em sua dieta. As fibras da aveia (por exemplo, na forma de mingau de aveia pela manhã) foram bastante estudadas, mas, na verdade, qualquer alimento rico em fibras serve. Grãos integrais, feijões e frutas como maçãs e peras são excelentes fontes de fibra alimentar. A outra opção é usar suplementos de fibras. É evidente que os alimentos integrais são preferíveis, mas nenhum de nós é perfeito. A abordagem mais popular e bem documentada é tomar suplementos contendo psyllium. Os estudos em geral usam de 5 a 15 gramas por dia, ingeridos em doses de 5 gramas em uma, duas ou três refeições. (Obviamente, os medicamentos para redução do colesterol também são uma opção caso não seja possível controlar adequadamente os níveis de colesterol LDL por meio de dieta ou estilo de vida.)

* * *

Outro fator de risco importante para doenças cardiovasculares é a hipertensão, ou pressão alta. A grande maioria das pessoas que sofreram um ataque cardíaco ou derrame apresentava pressão alta antes disso.

Um dos hormônios importantes envolvidos no controle da pressão arterial é chamado de angiotensina II. Quando esse hormônio se liga ao seu receptor correspondente, os vasos sanguíneos se contraem, aumentando a pressão arterial. É como se você estivesse apertando uma mangueira de água. Se a mesma quantidade de água tiver que passar, ela o fará sob maior pressão. É interessante notar que há uma variante genética no receptor da angiotensina II que está super-representada entre pessoas centenárias. Isso significa que ela pode aumentar a probabilidade de uma vida longa. O mecanismo é simples: essa variante genética torna mais difícil para a angiotensina II ativar o receptor, por isso age como uma proteção contra a pressão alta.

Pesquisadores italianos criaram camundongos com uma versão extrema dessa característica desativando por completo o receptor de angiotensina II. Esses roedores são geneticamente imunes à pressão alta e colhem os benefícios vivendo 26% a mais do que o normal. Isso é interessante porque você não precisa ser um mutante genético — já temos medicamentos que podem fazer a mesma coisa. Quando os ratos são tratados com um desses medicamentos, eles também vivem mais do que o normal. Supostamente, esse material funciona até mesmo no verme de laboratório *C. elegans*, o que é bastante notável, considerando que ele não *possui* sequer vasos sanguíneos.

É claro que é uma boa ideia evitar a pressão alta se você quiser ter uma vida longa e saudável. Mas, infelizmente, a pressão arterial tende a aumentar com a idade. Algumas pessoas dizem que isso é inevitável, mas será que é mesmo?

Sem saber, o governo venezuelano montou um experimento único para nos ajudar a responder a essa pergunta. Na região amazônica da Venezuela, na fronteira com o Brasil, há várias tribos que levam um estilo de vida tradicional de caçadores-coletores. Ou seja, elas caçam para obter carne, colhem várias plantas comestíveis e têm um estilo de vida de baixa tecnologia. Os membros da tribo fazem bastante exercício, mas seu estilo de vida também proporciona tempo para relaxamento e muita interação social.

O governo venezuelano construiu uma pista de pouso no território de uma dessas tribos, do povo ye'kuana. Como resultado, o povo da tribo começou a negociar alimentos processados saborosos com os visitantes que chegavam por via aérea. No entanto, outras tribos, como os yanomamis, ainda vivem em completo isolamento em suas dietas ancestrais.

Cientistas norte-americanos foram à Venezuela para estudar como essa disparidade afetou a saúde do povo da tribo. Eles descobriram que a pressão arterial tende a aumentar com a idade entre o povo ye'kuana com acesso a pista de pouso, assim como acontece conosco no mundo desenvolvido. Mas entre os yanomami isolados, não há aumento da pressão arterial relacionado à idade. Quando vivem com sua dieta ancestral, essas pessoas parecem envelhecer sem nunca ter hipertensão. Os cientistas descobriram algo semelhante entre o povo indígena tsimane, da Bolívia. Lá, a pressão arterial também aumenta com a idade, mas somente quando os grupos têm acesso a alimentos processados.

Isso sugere que o aumento da pressão arterial não é necessariamente parte do que é envelhecer; não é uma parte "natural" do envelhecimento. Na verdade, pode ser evitado por completo. Tudo o que você precisa fazer é ir para a selva e pegar sua comida com uma lança.

Caso não seja possível, tenho alguns conselhos que podem ser um pouco mais fáceis de implementar. Já aprendemos, por exemplo, sobre uma coisa que tende a aumentar a pressão arterial: a infecção pelo vírus citomegalovírus (CMV). Não é improvável que outras infecções virais crônicas façam o mesmo, por isso a vacinação e a higiene são relevantes mais uma vez.

Em uma grata surpresa, descobriu-se também que a maioria das coisas que você pode fazer para reduzir os níveis de colesterol LDL funciona igualmente bem para a pressão arterial elevada: comer mais fibras alimentares, perder peso, parar de fumar e, sim, também comer alho.

Entretanto, há também um medicamento adicional que funciona particularmente bem na redução da pressão arterial. Além disso, ele também reduz a glicose no sangue, aumenta a autofagia e melhora a função mitocondrial.

Em 1991, cientistas de Cleveland iniciaram um estudo de longo prazo sobre esse medicamento. Eles recrutaram indivíduos e os dividiram em grupos que foram instruídos a tomar doses crescentes. Mais de quinze anos depois, os cientistas fizeram um acompanhamento final com os participantes e publicaram seus resultados. Eles descobriram que aqueles que tomaram o medicamento em altas doses tinham *80%* menos chances de morrer em comparação com os que não receberam o medicamento. Descobriram também que as doses mais altas melhoraram de forma confiável a saúde dos participantes. O grupo que se saiu melhor recebeu a dose mais alta, seguido pelos que tomaram a segunda dose mais alta, e assim por diante, até chegar nos que não usaram o medicamento.

Certo... não era um medicamento. Era exercício.

O que os cientistas de Cleveland fizeram, na verdade, foi colocar as pessoas em uma esteira e medir sua aptidão cardiorrespiratória, sua "forma física". Durante quinze anos de acompanhamento, eles descobriram que as pessoas em melhor forma física tinham um risco de mortalidade 80% menor em comparação com as pessoas em pior forma física — e não encontraram nenhum patamar em que o exercício deixasse de ser importante. Mesmo no topo, ao comparar a "elite" com os que estavam logo abaixo deles, ainda havia um benefício em estar em melhor forma.

★ ★ ★

Em geral, não é fácil estudar o impacto de longo prazo do exercício. Você pode pensar que é difícil fazer com que as pessoas mudem suas *dietas* a longo prazo, mas imagine fazer com que centenas ou milhares de pessoas adotem um novo hábito de exercício e o mantenham por anos. Devido a essa dificuldade, a maioria das pesquisas sobre exercícios é correlacional. Em alguns desses estudos — como o de Cleveland citado acima —, os cientistas realmente medem a aptidão cardiorrespiratória das pessoas. Mas em muitos outros baseados em exercícios, é solicitado que os participantes relatem seus níveis de atividade. Para a surpresa de todos, verifica-se que a maioria das pessoas exagera muito sobre o quanto se exercita.

Isso torna os estudos menos confiáveis; mas, pela primeira vez, é em um sentido positivo. Se as pessoas não se exercitam tanto quanto afirmam e, ainda assim, os cientistas encontram benefícios, isso pode significar que a atividade física é ainda mais benéfica do que se pensava. E que talvez precisemos nos exercitar menos do que o esperado para começar a colher esses benefícios.

Embora seja difícil realizar estudos de qualidade de longo prazo sobre exercícios, as intervenções de curto prazo são mais realistas. Nesses estudos, foi demonstrado que o exercício induz todos os tipos de adaptações benéficas que sabemos que prolongam a vida: melhora do número e da função mitocondrial, melhora da sensibilidade à insulina, aumento da autofagia, melhora da função do sistema imunológico e assim por diante.

O exercício é um exemplo de hormese e, como aprendemos, isso significa que os benefícios aparecem durante a recuperação. Por exemplo, ao se exercitar, a pressão arterial, o açúcar no sangue, o estresse oxidativo e a inflamação aumentam. Mas, a longo prazo, o exercício *diminui* a pressão arterial em repouso, *melhora* os níveis de açúcar no sangue e *diminui* a inflamação e o estresse oxidativo. Nós nos adaptamos ao estresse da atividade, que nos torna mais resistentes. Entretanto, como o exercício funciona por hormese, também está claro que deve haver um teto em algum lugar: um ponto de inflexão em que o fator de estresse se torna muito alto. A questão é se esse teto para o exercício é algo com que as pessoas normais, como nós, devam se preocupar. Em outras palavras, se você atinge o limite correndo algumas vezes por semana como hobby, ou se ele só é aplicável se tentar participar da Race Across America ou da Marathon des Sables.

De acordo com o estudo de Cleveland, não temos com o que nos preocupar. Até mesmo os participantes mais ativos se saíram bem, e podemos viver seguramente de acordo com a regra de que quanto mais exercícios, melhor. Mas é evidente que esse é um daqueles casos em que você precisa ouvir seu corpo. Lembre-se de que o exercício é saudável por causa de todas as coisas que acontecem enquanto você se recupera.

A maneira tradicional de se exercitar é o chamado exercício de "estado estável". Nele, você aumenta sua pulsação, faz um esforço de nível moderado e permanece ativo por longos períodos de tempo. Alguns exemplos podem ser corrida, ciclismo, natação ou até mesmo caminhadas. Esses hábitos são ótimos, mas são vulneráveis à desculpa número um contra o exercício: "Não tenho tempo." Se alguém disser que nunca usou essa desculpa, provavelmente está mentindo. Uma possível solução é o treino intervalado, também conhecido como "treino intervalado de alta intensidade" ou HIIT (High Intensity Interval Training). No HIIT, períodos curtos de atividade intensa são alternados com períodos de descanso. Por exemplo, 20 segundos de corrida de velocidade, 20 segundos de descanso, 20 segundos de corrida de velocidade e assim por diante, continuando por 5 a 15 minutos. O objetivo é atingir níveis mais altos de esforço do que o praticado em exercícios de estado estável. Isso pode ser benéfico, pois a hormese geralmente funciona melhor com estressores agudos, de alta intensidade. Os defensores acreditam que o HIIT é tão benéfico quanto o exercício de estado estável, e os estudos tendem a confirmar isso. Entre outras coisas, uma grande metanálise demonstrou que o treino intervalado reduz mais a inflamação e o estresse oxidativo do que o treino em estado estável e, ao mesmo tempo, também aumenta mais a sensibilidade à insulina. Outro estudo demonstrou que o treino intervalado resulta em aproximadamente 25% a mais de perda de peso do que o treino moderado em estado estável.

O regime de condicionamento físico ideal pode incluir tanto o treino de estado estável quanto o intervalado. Por exemplo, um corredor pode correr normalmente e, às vezes, fazer intervalos com corridas de velocidade. Entretanto, é importante não deixar que o ótimo seja inimigo do bom. Os estudos mostram que qualquer atividade é melhor do que nenhuma, e o melhor é praticar exercícios como um hábito regular. Isso é muito mais fácil se você escolher algo de que goste.

Há um tipo de camundongo que seria mais bem descrito como um "camundongo sarado". Esses roedores têm o dobro da massa muscular dos camundongos comuns e menos gordura corporal também. Eles são tudo o que os fisiculturistas humanos sonham sem que precisem viver na academia ou comer quantidades excessivas de frango com batata-doce. Esses camundongos sarados são mais musculosos porque têm defeitos em um gene chamado miostatina. A miostatina normalmente inibe o crescimento muscular; portanto, se ela parar de funcionar, os músculos ficarão maiores. É interessante notar que também conhecemos outros animais com defeitos na miostatina: vacas, cães, ovelhas e, sim, também humanos. Em 2004, por exemplo, um menino nasceu na Alemanha com mutações em ambos os genes da miostatina. Os médicos o descreveram como "extremamente musculoso", mesmo quando recém-nascido. Não é de surpreender que sua mãe fosse uma atleta.

A miostatina é particularmente interessante para nós porque os camundongos musculosos não são apenas bastante musculosos — eles também vivem mais do que os que são considerados normais. A miostatina funciona de forma semelhante na maioria dos mamíferos, então talvez devêssemos reduzir nossos níveis de miostatina também. Tenho certeza de que alguém acabará descobrindo uma maneira de fazer isso clinicamente, sem efeitos colaterais, e com isso vai se juntar aos caras do Vale do Silício no topo da lista da *Forbes*. Por enquanto, porém, a melhor opção é a mais antiga: puxar ferro. Uma das maneiras pelas quais a musculação faz com que os músculos aumentem de tamanho ao longo do tempo é exatamente diminuindo nossos níveis de miostatina.

À medida que envelhecemos, tendemos a perder massa muscular. Uma pessoa com oitenta anos perdeu, em média, 50% de suas fibras musculares. Essa é a razão pela qual as pessoas ficam mais fracas com a idade — e ficam menos resistentes diante de doenças. As pessoas com pouca massa muscular ou força de preensão tendem a morrer mais cedo, mas a musculação pode ajudar de duas maneiras. Primeiro: se começarmos com uma massa muscular maior, levará mais tempo para diminuir até um ponto em que a perda de massa muscular se torne um problema. Segundo: a musculação também pode neutralizar a perda muscular real por meio da hormese. O estresse da musculação força o corpo a investir na manutenção e no fortalecimento dos músculos. Da mesma forma, a musculação também neutraliza a perda de densidade óssea relacionada à idade. Muitas pessoas mais velhas, especialmente as mulheres, têm problemas com osteoporose — ossos frágeis e ocos. Mais uma vez, isso pode ser neutralizado com a sobrecarga dos ossos na musculação. Portanto, a conclusão é que, embora o exercício aeróbico seja o mais importante para a longevidade, é altamente benéfico incluir também a musculação. O programa absolutamente ideal, caso você consiga aguentar, provavelmente incluiria tanto o exercício de estado estável quanto o treino intervalado e a musculação.

Capítulo 24

O poder da mente sobre a matéria

Imagine que somos uma dupla de médicos que recebe a visita de um amigo, o John. O homem se queixa de uma dor de cabeça e nós dizemos a ele que, claro, temos um comprimido para isso. Mas, em vez de dar a John um analgésico, nós o enganamos. Dizemos que ele está recebendo um medicamento, mas, na verdade, é apenas uma pílula de açúcar. John nos agradece e engole o comprimido com água.

A pílula de açúcar não deveria ter nenhum efeito médico. Mas John logo começa a relaxar e nos agradece por curar sua dor de cabeça. Será que ele é um mentiroso?

Não. O que John está experimentando é um clássico da medicina chamado efeito placebo. Um fenômeno em que as expectativas de uma pessoa acabam tendo um impacto médico real. Em outras palavras, é quando um medicamento funciona não por conta de alguma alta tecnologia molecular, mas porque os pacientes *acham* que ele funciona. Há muitas evidências que sugerem que o efeito placebo é uma parte importante da maioria dos tratamentos médicos, especialmente quando há um componente mental envolvido. Como resultado, o efeito placebo pode ser potencializado de acordo com a convicção do paciente. Ele funciona ainda melhor se o paciente achar que o medicamento é uma novidade, se custar caro, se o comprimido for muito grande ou — por algum motivo — se for vermelho.

O tratamento de dores de cabeça com pílulas de açúcar é interessante, mas há exemplos muito mais bizarros por aí — como, por exemplo, a *cirurgia* placebo. Em um estudo, um grupo de pesquisadores estava tratando pacientes com osteoartrite do joelho. Essa é uma condição dolorosa e difícil de tratar, mas que às vezes pode ser aliviada por meio de cirurgia. Os médicos colocaram os pacientes com osteoartrite sob anestesia e, em seguida, fizeram incisões cirúrgicas em seus joelhos. No entanto, apenas alguns dos pacientes foram, de fato, submetidos à cirurgia. Os demais foram simplesmente costurados de volta, sem nenhuma intervenção além do corte inicial. Os médicos não contaram isso aos pacientes, que presumiram que de fato tivessem feito uma cirurgia. E, incrivelmente, durante os meses seguintes, a versão placebo da cirurgia funcionou tão bem quanto a cirurgia real, com os dois grupos de pacientes relatando um alívio similar da dor.

Há até estudos em que os médicos são totalmente honestos sobre o uso de placebos. Eles dizem aos pacientes: "Este é apenas um tratamento com placebo, não estamos realmente fazendo nada. No entanto, estudos anteriores mostram que os tratamentos com placebo funcionam." Então, o tratamento acaba funcionando. Em um estudo, por exemplo, os médicos deram pílulas de açúcar a pacientes com síndrome do intestino irritável e foram francos sobre o que estavam fazendo. Mesmo assim, os sintomas deles melhoraram.

Acho que a boa notícia é que os conselhos deste livro ajudarão você a viver mais, desde que eu consiga convencê-lo de que estou certo. Tudo bem, viver por muito tempo pode exigir um pouco mais do que "acreditar e alcançar", mas os estudos mostram que as pessoas que se *sentem* mais jovens do que sua idade real tendem a viver mais. Da mesma forma, também sabemos que pessoas otimistas tendem a viver mais.

O efeito placebo ilustra que é o nosso estado mental que está no comando do corpo. Ele pode até mesmo influenciar a forma como reagimos aos alimentos. Em um estudo fascinante, os cientistas fizeram os participantes tomar uma bebida açucarada. Alguns foram informados de que a bebida tinha alto teor de açúcar, enquanto outros foram informados do contrário. Então, mesmo que ambos os grupos tenham tomado bebidas idênticas, *a reação de seus corpos foi diferente.* As pessoas que pensaram estar tomando uma bebida com alto teor de açúcar tiveram picos mais altos de açúcar no sangue do que aquelas que pensaram estar tomando uma bebida com baixo teor de açúcar.

E esse é o outro lado da moeda do placebo. O efeito placebo tem também um gêmeo maligno: o efeito nocebo. Nesse caso, as expectativas *negativas* tornam-se autorrealizáveis. Um bom exemplo é um estudo em que os pesquisadores pretendiam medir o potencial genético das pessoas para alcançar uma boa forma física. Os cientistas disseram a alguns dos participantes da pesquisa que eles tinham predisposição para estar em má forma, mesmo que fosse uma completa mentira. Posteriormente, essas pessoas tiveram um desempenho pior em testes físicos do que as pessoas que foram informadas do contrário.

* * *

Ter um cachorro está associado a uma vida mais longa. O mesmo se aplica a relacionamentos familiares e amizades próximas. Em um estudo, os pesquisadores analisaram autobiografias e compararam a frequência com que palavras que representavam papéis sociais apareciam nos livros; palavras como pai, mãe, irmãos e vizinho, por exemplo. Os autores que mais usaram esse tipo de palavra viveram seis anos a mais do que aqueles que as usaram menos.

Nós enxergamos essa conexão porque todas as dicas e truques deste livro não são o bastante. Ter uma dieta saudável, fazer exercícios e experimentar outros estilos de vida serão de grande ajuda. Mas nada disso vai levar você à linha de chegada.

O último ingrediente, o que falta, são as relações sociais. Hoje sabemos como nosso estado psicológico é importante para nossa saúde física. E, como seres humanos, uma de nossas necessidades psicológicas mais profundas é pertencer a algum lugar. Por esse motivo, a solidão está, na verdade, entre os fatores mais associados a uma morte precoce — mais do que o excesso de peso, por exemplo. A necessidade de laços sociais estreitos é tão antiga que temos isso em comum com os nossos parentes distantes. Mesmo entre os babuínos, os indivíduos que têm laços sociais mais fortes vivem mais do que os indivíduos com laços sociais fracos e instáveis.

Além da felicidade e do conforto que a convivência com outras pessoas nos proporciona, também extraímos um sentido maior e um senso de dever de nossos relacionamentos sociais. Os estudos de campo sobre longevidade constatam de maneira consistente que as pessoas longevas têm um forte senso de significado e propósito, e são excepcionalmente engajadas no mundo em que vivem em qualquer idade. Em vez de dividir a vida entre "trabalho" e "aposentadoria", elas continuam a assumir tarefas e responsabilidades ao longo da vida, mesmo quando isso se resume a "cozinhar para meus netos todos os domingos" ou simplesmente "varrer as escadas todos os dias". Um exemplo curioso é que as taxas de mortalidade aumentaram logo após a virada do milênio. É como se as pessoas tivessem se mantido vivas pelo propósito de vivenciar o novo milênio, e não desistiram até chegar lá.

Epílogo

Nossa busca pelos segredos de uma vida longa e saudável nos levou ao redor do mundo, do mar da Groenlândia até a ilha de Páscoa e os reinos de túneis africanos do rato-toupeira-pelado. Ao longo do caminho, conhecemos aventureiros pioneiros, autoexperimentadores e, é claro, alguns dos maiores cientistas do mundo. Seja você quem for e esteja onde estiver ao ler este livro, espero que tenha gostado da viagem.

A pesquisa sobre o envelhecimento ainda está em sua infância, mas, como aprendemos, já tivemos muitos avanços importantes. Nos próximos anos, a bola de neve continuará rolando. A questão de por que envelhecemos e, mais importante, o que fazer a respeito disso, é uma das indagações mais antigas que existem. Mais antiga até do que a própria civilização. E, como este livro prova, estamos mais interessados nisso do que nunca.

Os pessimistas de plantão podem até criticar a ambição de viver uma vida mais longa, mas a luta contra o envelhecimento é nobre. Há muitas coisas neste mundo que nos afastam. Aprendemos do jeito mais difícil que uma das melhores maneiras de unir as pessoas é por meio de um inimigo comum. Pela primeira vez, temos a chance de transformar isso em algo bom. Todos vão envelhecer, independentemente de sua etnia, nacionalidade, sexo, renda ou educação. Estamos nessa juntos, e isso também significa que qualquer progresso se aplica a todos nós.

Desde que possamos seguir progredindo na ciência médica, não há dúvida de que vamos acabar superando o envelhecimento. A única questão é quando. Espero que alguém encontre este livro daqui a cinquenta anos, ache graça de sua simplicidade e seja grato pelas muitas descobertas que terão surgido desde então. Mas se a luta contra o envelhecimento levará 50, 500 ou 5 mil anos, ninguém sabe. Em algum momento, nascerá uma geração que será a última a ser devastada pelo envelhecimento. Poderíamos torcer para que fôssemos nós, mas, infelizmente, talvez não tenhamos essa sorte.

— Nickas Brendborg, Copenhague (2022)

Agradecimentos

Quero agradecer à minha maravilhosa editora, Izzy Everington, e ao restante da equipe da Hodder Studio pelo trabalho árduo na elaboração deste livro. Com a ajuda deles, ele superou minhas expectativas mais ousadas. Agradeço também a Elizabeth DeNoma, que ajudou a traduzir o livro original em dinamarquês; a Tara O'Sullivan, que ajudou a dar um toque a mais no meu inglês durante a edição; a Lydia Blagden, pelo belo design da capa; e a Purvi Gadia, por sua diligência em orientar este livro em seus estágios finais.

Também gostaria de agradecer ao meu agente, Paul Sebes, a Rik Kleuver e ao restante da equipe da Sebes & Bisseling Literary Agency. Graças ao brilhantismo deles, este livro realmente se tornou global. No momento em que escrevo, ele foi traduzido para vinte e dois idiomas em todo o mundo, sem mostrar sinais de desaceleração. Receber uma ligação de Paul e Rik é sempre empolgante, mas sou particularmente grato por sua participação fundamental para tornar essa tradução possível — a tradução para o inglês, tanto a língua mundial quanto a língua da ciência.

Devo também mencionar minhas adoráveis editoras dinamarquesas, Louise Vind e Marianne Kiertzner, da Forlaget Grønningen 1. Acredite ou não, este livro foi inicialmente rejeitado por todas as grandes editoras do meu país. Na verdade, levei mais tempo para conseguir publicá-lo do que para escrevê-lo. Felizmente, acabei conhecendo Louise e Marianne, que não demoraram muito para se decidir. O resto é história — nossa primeira edição esgotou no dia do lançamento, e *As águas-vivas envelhecem ao contrário* se tornou o livro de não ficção mais vendido do ano.

Por fim, quero agradecer a todos os meus entes queridos e dedicar este livro a eles. O motivo pelo qual quero ficar por aqui por muito tempo é poder criar muitas outras lembranças com vocês.

Bibliografia

Introdução: A Fonte da Juventude

Conese, M., Carbone, A., Beccia, E., Angiolillo. A. "The Fountain of Youth: A tale of parabiosis, stem cells, and rejuvenation", *Open Medicine*, vol. 12, 2017, pp. 376-383.

Grundhauser, E. "The True Story of Dr. Voronoff's Plan to Use Monkey Testicles to Make Us Immortal", atlasobscura.com, 13 de outubro de 2015.

Capítulo 1: O livro dos recordes da longevidade

Nielsen, J. et al. "Eye lens radiocarbon reveals centuries of longevity in the Greenland shark (Somniosus microcephalus)", *Science*, vol. 353, nº 6300, 2016, pp. 702-704.

Keane, M. et al. "Insights into the evolution of longevity from the bowhead whale genome", *Cell Reports*, vol. 10, no. 1, 2015, pp. 112-122.

Bailey, D. K. "Pinus Longaeva", *The Gymnosperm Database*, www.conifers.org/pi/Pinus_longaeva.php.

Rogers, P., McAvoy, D. "Mule deer impede Pando's Recovery: Implications for aspen resilience from a single-genotype forest", *PLOS ONE*, vol. 13, no. 10, 2017.

Robb, J.,Turbott, E. "Tu'i Malila, 'Cook's Tortoise'", *Records of the Auckland Institute and Museum*, vol. 8, 17 de dezembro de 1971, pp. 229-233.

Morbey,Y., Brassil, C., Hendry, A. "Rapid Senescence in Pacific Salmon", *The American Naturalist*, vol. 166, no. 5, 2005, pp. 556-568.

Wang, Z., Ragsdale, C. "Multiple optic gland signaling pathways implicated in octopus maternal behaviors and death", *Journal of Experimental Biology*, vol. 221, no. 19, 2018.

Bradley, A., McDonald, I., Lee, A. "Stress and mortality in a small marsupial (Antechinus stuartii, Macleay)", *General and Comparative Endocrinology*, vol. 40, no. 2, 1980, pp. 188-200.

White, J., Lloyd, M. "17-Year Cicadas Emerging After 18 Years: A New Brood?" *Evolution*, vol. 33, no. 4, 1979, pp. 1193-1199.

Sweeney, B.,Vannote, R. "Population Synchrony in Mayflies: A Predator Satiation Hypothesis", *Evolution*, vol. 36, no. 4, 1982, pp. 810-821.

"Century plant", *Encyclopaedia Britannica*, www. britannica.com/plant/century--plant-Agave-genus, 2020.

Bavestrello, G., Sommer, C., Sarà, M. "Bi-directional conversion in Turritopsis nutricula (Hydrozoa)", *Scientia Marina*, vol. 56, no. 2-3, 1992, pp. 137-140.

Carla', E., Pagliara, P., Piraino, S., Boero, F., Dini, L. "Morphological and ultrastructural analysis of Turritopsis nutricula during life cycle reversal", *Tissue and Cell*, vol. 35, no. 3, 2003, pp. 213-222.

Kubota, S. "Repeating rejuvenation in Turritopsis, an immortal hydrozoan (Cnidaria, Hydrozoa)", *Biogeography*, vol. 13, 2011, pp. 101-103.

Bowen, I., Ryder,T., Dark, C. "The effects of starvation on the planarian worm *Polycelis tenuis iijima*", *Cell and Tissue Research*, vol. 169, no. 2, 1976, pp. 193-209.

Bidle, K., Lee, S., Marchant, D., Falkowski, P. "Fossil genes and microbes in the oldest ice on Earth", *Proceedings of the National Academy of Sciences of the United States of America*, vol. 104, no. 33, 2007, pp. 13455-13460.

Austad, S. "Retarded senescence in an insular population of Virginia opossums (Didelphis virginiana)", *Journal of Zoology*, vol. 229, no. 4, 1993, pp. 695-708.

Austad, S., Fischer, K. "Mammalian Aging, Metabolism, and Ecology: Evidence From the Bats and Marsupials", *Journal of Gerontology*, vol. 46, no. 2, 1991, pp. B47-B53.

Wodinsky, J. "Hormonal inhibition of feeding and death in Octopus: Control by optic gland secretion", *Science*, vol. 198, no. 4320, 1977, pp. 948-951.

Lewis, K., Buffenstein, R. "The Naked Mole-Rat: A Resilient Rodent Model of Aging, Longevity, and Healthspan", *Handbook of the Biology of Aging: Eighth Edition*, Elsevier Inc., 2015, pp. 179-204.

Buffenstein, R. "Naked mole-rat (Heterocephalus glaber) longevity, ageing, and life history", *An Age:The Animal and Longevity Database*. Disponível em: <https://genomics.senescence.info/>. Acesso em 20 de fevereiro de 2024.

Sahm, A. et al. "Long-lived rodents reveal signatures of positive selection in genes associated with lifespan", *P Lo S Genetics*, vol. 14, no. 3, 2018.

Capítulo 2: Sol, palmeiras e uma vida longa

Buettner, D. *The Blue Zones: 9 lessons for living longer from the people who've lived the longest*, National Geographic Books, 2008.

Poulain, M., Herm, A., Pes, G. "The Blue Zones: areas of exceptional longevity around the world", *Vienna Yearbook of Population Research*, vol. 11, 2013, pp. 87-108.

Rosero-Bixby, L., Dow, W., Rehkopf, D. "The Nicoya region of Costa Rica: A high longevity Island for elderly men", *Vienna Yearbook of Population Research*, vol. 11, no. 1, 2013, pp. 109-136.

Hokama,T. Binns, C. "Declining longevity advantage and low birthweight in Okinawa", *Asia-Pacific Journal of Public Health*, vol. 20, outubro de 2008, suppl: 95-101.

Newman, S. J. "Supercentenarians and the oldest-old are concentrated into regions with no birth certificates and short lifespans", *bioRxiv*, 704080, May 2020, doi: https://doi.org/10.1101/704080.

"2019 Human Development Report", Programa de Desenvolvimento das Nações Unidas, 2019.

"Life expectancy at birth, total (years)", The World Bank, 2020, https://data.worldbank.org/indicator/SP. DYN. LE00. IN.

"More than 230,000 Japanese centenarians 'missing'", *BBC*, setembro de 2010.

Capítulo 3: Os genes são superestimados

Segal, N. "Twins: A window into human nature", TEDx, Manhattan Beach, 2017, www.ted.com/talks/nancy_segal_twins_a_window_into_human_nature.

Herskind, A., McGue, M., Holm, N., Sørensen,T., Harvald, B.,Vaupel, J. "The heritability of human longevity: A population-based study of 2872 Danish twin pairs born 1870-1900", *Human Genetics*, vol. 97, no. 3, 1996, pp. 319-323.

Mitchell, B., Hsueh,W., King,T., Pollin,T., Sorkin, J., Agarwala, R., Schäffer, A., Shuldiner, A. "Heritability of life span in the Old Order Amish", *American Journal of Medical Genetics*, vol. 102, no. 4, 2001, pp. 346-352.

Kerber, R., O'Brien, E., Smith, K., Cawthon, R. "Familial excess longevity in Utah genealogies", *Journals of Gerontology, Series A: Biological Sciences and Medical Sciences*, vol. 56, no. 3, 2001, pp. B130-B139.

Ljungquist, B., Berg, S., Lanke, J., McClearn, G., Pedersen, N. "The effect of genetic factors for longevity: A comparison of identical and fraternal twins in the Swedish Twin Registry", *Journals of Gerontology, Series A: Biological Sciences and Medical Sciences*, vol. 53, no. 6, 1998, pp. M441-M446.

Graham Ruby, J. et al. "Estimates of the heritability of human longevity are substantially inflated due to assortative mating", *Genetics*, vol. 210, no. 3, 2018, pp. 1109-1124.

Melzer, D., Pilling, L. C., Ferrucci, L. "The genetics of human ageing", *Nature Reviews Genetics*, vol. 21, 2020, pp. 88-101.

Timmers, P. et al. "Genomics of 1 million parent lifespans implicates novel pathways and common diseases and distinguishes survival chances", *eLife*, vol. 8, 2019.

Lio, D., Pes, G., Carru, C., Listì, F., Ferlazzo,V., Candore, G., Colon- na-Romano, G., Ferrucci, L., Deiana, L., Baggio, G., Franceschi, C., Caruso, C. "Association between the HLA-DR alleles and longevity: A study in Sardinian population", *Experimental Gerontology*, vol. 38, no. 3, 2003, pp. 313-318.

Sun, X., Chen,W., Wang,Y. "DAF-16/FOXO transcription factor in aging and longevity", *Frontiers in Pharmacology*, vol. 8, 2017.

Raygani, A., Zahrai, M., Raygani, A., Doosti, M., Javadi, E., Rezaei, M., Pourmotabbed,T. "Association between apolipoprotein E polymorphism and Alzheimer disease in Tehran, Iran", *Neuroscience Letters*, vol. 375, no. 1, 2005, pp. 1-6.

Liu, S., Liu, J., Weng, R., Gu, X., Zhong, Z. "Apolipoprotein E gene polymorphism and the risk of cardiovascular disease and type 2 diabetes", *BMC Cardiovascular Disorders*, vol. 19, no. 1, 2019, p. 213.

Zook, N., Yoder, S. "Twelve Largest Amish Settlements, 2017", Center for Anabaptist and Pietists Studies, Elizabethtown College, 2017. Disponível em: <https://groups.etown.edu/amishstudies/statistics/largest-settlements>. Acesso em 20 de fevereiro de 2024.

Khan, S, Shah, S. et al. "A null mutation in SERPINE1 protects against biological aging in humans", *Science Advances*, vol. 3, no. 11, 2017.

Capítulo 4: As desvantagens da imortalidade

Shklovskii, B. I. "A simple derivation of the Gompertz law for human mortality", *Theory in Biosciences*, vol. 123, 2005, pp. 431-433.

Christensen, K., McGue, M., Peterson, I., Jeune, B., Vaupel, J. W. "Exceptional longevity does not result in excessive levels of disability", *Proceedings of the National Academy of Sciences of the United States of America*, vol. 105, no. 36, 2008, pp. 13274-13279. doi:10.1073/pnas.0804931105.

Heron, M. "Deaths: Leading Causes for 2019", *National Vital Statistics Report*, National Center for Health Statistics, vol. 70, no. 9, 2021. doi: https://dx.doi. org/10. 15620/cdc:10702.

Arias, E., Heron, M., Tejada-Vera, B. *National Vital Statistics Reports*, vol. 61, no. 9, 31 de maio de 2013.

Arancio, W., Pizzolanti, G., Genovese, S., Pitrone, M., Giordano, C. "Epigenetic Involvement in Hutchinson-Gilford Progeria Syndrome: A Mini--Review", *Gerontology*, vol. 60, no. 3, 2014, pp. 197-203.

Medawar, P. *An Unsolved Problem of Biology*, H. K. Lewis, 1952.

Fabian, D. "The evolution of aging", *Nature Education Knowledge*, vol. 3, 2011, pp. 1-10.

Loison, A. et al. "Age specific survival in five populations of ungulates: evidence of senescence", *Ecology*, vol. 80, no. 8, 1999, pp. 2539-2554.

Williams, G. "Pleiotropy, Natural Selection, and the Evolution of Senescence", *Evolution*, vol. 11, no. 4, 1957, pp. 398-411.

Friedman, D., Johnson,T. "A mutation in the age-1 gene in Caenorhabditis elegans lengthens life and reduces hermaphrodite fertility", *Genetics*, vol. 118, no. 1, 1988.

Capítulo 5: O que não mata...

Denham, H. "Aging: A Theory Based on Free Radical and Radiation Chemistry", *Journal of Gerontology*, vol. 11(3): pp. 298-300, 1956. https://doi. org/10. 1093/geronj/11.3.298

Bjelakovic, G., Nikolova, D., Gluud, L. L., Simonetti, R. G., Gluud, C. "Mortality in randomized trials of antioxidant supplements for primary and secondary prevention: systematic review and meta-analysis", *JAMA*, 297(8):842-57, 2007. doi: 10. 1001/jama.297.8.842.

Yang,W., Hekimi, S. "A Mitochondrial Superoxide Signal Triggers Increased Longevity in *Caenorhabditis elegans*", *PLOS Biology*, vol. 8, no. 12, 2010.

Hwang, S., Guo, H. et al. "Cancer risks in a population with prolonged low dose-rate γ-radiation exposure in radio-contaminated buildings, 1983-2002", *International Journal of Radiation Biology*, vol. 82, no. 12, 2006, pp. 849-858.

Sponsler, R., Cameron, J. "Nuclear shipyard worker study (1980-1988): a large cohort exposed to low-dose-rate gamma radiation", *International Journal of Low Radiation*, vol. 1, no. 4, 2005, pp. 463-478.

David, E., Wolfson, M., Fraifeld, V. "Background radiation impacts human longevity and cancer mortality: Reconsidering the linear no-threshold paradigm", *Biogerontology*, vol. 22, no. 2, 2021, pp. 189-195.

Berrington, A., Darby, S., Weiss, H., Doll, R. "100 years of observation on British radiologists: Mortality from cancer and other causes 1897-1997", *British Journal of Radiology*, vol. 74, no. 882, 2001, pp. 507-519.

McDonald, J. et al. "Ionizing radiation activates the Nrf2 antioxidant response", *Cancer Research*, vol. 70, no. 21, 2010, pp. 8886-8895.

Nabavi, S. F., Barber, A. J., et al. "Nrf2 as molecular target for polyphenols: A novel therapeutic strategy in diabetic retinopathy", *Critical Reviews in Clinical Laboratory Sciences*, vol. 53(5), 2016. https://doi.org/10.3109/10408363.2015.1129530.

Chaurasiya, R., Sakhare, P., Bhaskar, N., Hebbar, H. "Efficacy of reverse micellar extracted fruit bromelain in meat tenderization", *Journal of Food Science and Technology*, vol. 52, no. 6, 2015, pp. 3870-3880.

Montgomery, M., Hulbert, A., Buttemer, W. "Does the oxidative stress theory of aging explain longevity differences in birds? I. Mitochondrial ROS production", *Experimental Gerontology*, vol. 47, no. 3, 2012, pp. 203-210.

Lewis, K., Andziak, B., Yang,T., Buffenstein, R. "The naked mole-rat response to oxidative stress: Just deal with it", *Antioxidants and Redox Signaling*, vol. 19, no. 12, 2013, pp. 1388-1399.

Burtscher, M. "Lower mortality rates in those living at moderate altitude", *Aging*, vol. 8, no. 100, 2016, pp. 2603-2604.

Faeh, D., Gutzwiller, F., Bopp, M. "Lower mortality from coronary heart disease and stroke at higher altitudes in Switzerland", *Circulation*, vol. 120, no. 6, 2009, pp. 495-501.

Baibas, N., Trichopoulou, A., Voridis, E., Trichopoulos, D. "Residence in mountainous compared with lowland areas in relation to total and coronary mortality. A study in rural Greece", *Journal of Epidemiology and Community Health*, vol. 59, no. 4, 2005, pp. 274-278.

Thielke, S., Slatore, C., Banks,W. "Association between Alzheimer, dementia, mortality rate and altitude in California counties", *JAMA Psychiatry*, vol. 72, no. 12, 2015, pp. 1253-1254.

Laukkanen, J., Laukkanen,T., Kunutsor, S. "Cardiovascular and Other Health Benefits of Sauna Bathing: A Review of the Evidence", *Mayo Clinic Proceedings*, vol. 93, no. 8, 2018, pp. 1111-1121.

Darcy, J., Tseng,Y. "ComBATing aging – does increased brown adipose tissue activity confer longevity?", *GeroScience*, vol. 41, no. 3, 2019, pp. 285-296.

Schmeisser, S., Schmeisser, K. et al. "Mitochondrial hormesis links low-dose arsenite exposure to lifespan extension", *Aging Cell*, vol. 12, no. 3, 2013, pp. 508-517.

Oelrichs, P., MacLeod, J., Seawright, A., Ng, J. "Isolation and charterisation of urushiol components from the Australian native cashew (*Semecarpus australiensis*)", Natural Toxins, vol. 5, no. 3, 1998, pp. 96-98.

Jonak, C., Klosner, G., Trautinger, F. "Significance of heat shock proteins in the skin upon the UV exposure", *Frontiers in Bioscience*, vol. 14, no. 12, 2009, pp. 4758-4768.

Capítulo 6: Tamanho é documento?

Laron, Z., Lilos, P., Klinger, B. "Growth curves for Laron syndrome", *Archives of Disease in Childhood*, vol. 68, no. 6, 1993, pp. 768-770.

Guevara-Aguirre, J. et al. "Growth hormone receptor deficiency is associated with a major reduction in pro-aging signaling, cancer, and diabetes in humans", *Science Translational Medicine*, vol. 3, no. 70, 2011.

Bartke, A., Brown-Borg, H. "Life Extension in the Dwarf Mouse", *Current Topics in Developmental Biology*, vol. 63, 2004, pp. 189-225.

Salaris, L., Poulain, M., Samaras, T. "Height and survival at older ages among men born in an inland village in Sardinia (Italy), 1866-2006", *Biodemography and Social Biology*, vol. 58, no. 1, 2012, pp. 1-13.

Samaras, T., Elrick, H., Storms, L. "Is height related to longevity?", *Life Sciences*, vol. 72, no. 16, 2003, pp. 1781-1802.

Kurosu, H. et al. "Physiology: Suppression of aging in mice by the hormone Klotho", *Science*, vol. 309, no. 5742, 2005, pp. 1829-1833.

Vitale, G. et al. "Low circulating IGF-I bioactivity is associated with human longevity: Findings in centenarians offspring", *Aging*, vol. 4, no. 9, 2012, pp. 580-589.

Zarse, K. et al. "Impaired insulin/IGF1 signaling extends life span by promoting mitochondrial L-proline catabolism to induce a transient ROS signal", *Cell Metabolism*, vol. 15, no. 4, 2012, pp. 451-465.

Zoledziewska, M. et al. "Height-reducing variants and selection for short stature in Sardinia", *Nature Genetics*, vol. 47, no. 11, 2015, pp. 1352-1356.

Wolkow, C., Kimura, K., Lee, M., Ruvkun, G. "Regulation of *C. elegans* life span by insulin-like signaling in the nervous system", *Science*, vol. 290, no. 5489, 2000, pp. 147-150.

Capítulo 7: Os segredos da ilha de Páscoa

Halford, B. "Rapamycin's secrets unearthed", *C&EN Global Enterprise*, vol. 94, no. 29, 2016, pp. 26-30.

Dominick, G. et al. "Regulation of mTOR Activity in Snell Dwarf and GH Receptor Gene-Disrupted Mice", *Endocrinology*, vol. 156, no. 2, 2015, pp. 565-75.

Sharp, Z., Bartke, A. "Evidence for Down-Regulation of Phosphoinositide 3-Kinase/Akt/Mammalian Target of Rapamycin (PI3K/Akt/mTOR) - Dependent Translation Regulatory Signaling Pathways in Ames Dwarf Mice", *The Journals of Gerontology, Series A: Biological Sciences and Medical Sciences*, vol. 60, no. 3, 2005, pp. 293-300.

Bitto, A. et al. "Transient rapamycin treatment can increase lifespan and healthspan in middle-aged mice", *Elife*, vol. 5, 2016.

Zhang, Y. et al. "Rapamycin Extends Life and Health in C57BL/6 Mice", *The Journals of Gerontology, Series A: Biological Sciences and Medical Sciences*, vol. 69A, no. 2, 2014.

Mannick, J. et al. "TORC1 inhibition enhances immune function and reduces infections in the elderly", *Science Translational Medicine*, vol. 10, no. 449, 2018, p. 1564.

Arriola Apelo, S., Lamming, D. "Rapamycin: An InhibiTOR of aging emerge from the soil of Easter Island", *The Journals of Gerontology, Series A: Biological Sciences and Medical Sciences*, vol. 71, no. 7, 2016, pp. 841-849.

Leidal, A., Levine, B., Debnath, J. "Autophagy and the cell biology of age--related disease", *Nature Cell Biology*, vol. 20, 2018, pp. 1338-1348.

Dai, D. et al. "Altered proteome turnover and remodeling by short-term caloric restriction or rapamycin rejuvenate the aging heart", *Aging Cell*, vol. 13, no. 3, 2014, pp. 529-539.

Bitto, A. et al. "Transient rapamycin treatment can increase lifespan and healthspan in middle-aged mice", *eLife*, vol. 5, 2016.

Capítulo 8: Aquele que a todos une

Mujahid N. et al. "A UV-Independent Topical Small-Molecule Approach for Melanin Production in Human Skin", *CellReports*, vol. 19, 2017, pp. 2177-2184.

"The Nobel Prize in Physiology or Medicine 2016", NobelPrize.org, 2020.

Kumsta, C., Chang, J., Schmalz, J., Hansen, M. "Hormetic heat stress and HSF-1 induce autophagy to improve survival and proteostasis in *C. Elegans*", *Nature Communications*, vol. 8, no. 1, 2017, pp. 1-12.

Rodriguez, K. et al. "Walking the Oxidative Stress Tightrope: A Perspective from the Naked Mole-Rat, the Longest-Living Rodent", *Current Pharmaceutical Design*, vol. 17, no. 22, 2011, pp. 2290-2307.

Kacprzyk, J., Locatelli, A. et al. "Evolution of mammalian longevity: age--related increase in autophagy in bats compared to other mammals", *Aging*, vol. 13, no. 6, 2021, pp. 7998-8025.

Pugin, B. et al. "A wide diversity of bacteria from the human gut produces and degrades biogenic amines", *Microbial Ecology in Health and Disease*, vol. 28, no. 1, 2017.

Eisenberg, T. et al. "Cardioprotection and lifespan extension by the natural polyamine spermidine", *Nature Medicine*, vol. 22, no. 12, 2016, pp. 1428-1438.

Kiechl, S. et al. "Higher spermidine intake is linked to lower mortality: A prospective population-based study", *American Journal of Clinical Nutrition*, vol. 108, no. 2, 2018, pp. 371-380.

Nishimura, K., Shiina, R., Kashiwagi, K., Igarashi, K. "Decrease in Polyamines with Aging and Their Ingestion from Food and Drink", *The Journal of Biochemistry*, vol. 139, no. 1, 2006, pp. 81-90.

Capítulo 9: A infame biologia do ensino médio

Crane, J., Devries, M., Safdar,A., Hamadeh, M.,Tarnopolsky, M. "The effect of aging on human skeletal muscle mitochondrial and intramyocellular lipid ultrastructure", *Journals of Gerontology, Series A: Biological Sciences and Medical Sciences*, vol. 65, no. 2, 2010, pp. 119-128.

Conley, K., Jubrias, S., Esselman, P. "Oxidative capacity and ageing in human muscle", *Journal of Physiology*, vol. 526, no. 1, 2000, pp. 203-210.

Picca, A. et al. "Update on mitochondria and muscle aging: All wrong roads lead to sarcopenia", *Biological Chemistry*, vol. 399, no. 5, 2018, pp. 421-436.

Sun, N. et al. "Measuring In Vivo Mitophagy", *Molecular Cell*, vol. 60, no. 4, 2015, pp. 685-696.

Oliveira, A., Hood, D. "Exercise is mitochondrial medicine for muscle", *Sports Medicine and Health Science*, vol. 1, no. 1, 2019, pp. 11-18.

Van Remmen, H. et al. "Life-long reduction in MnSOD activity results in increased DNA damage and higher incidence of cancer but does not accelerate aging", *Physiological Genomics*, vol. 16, no. 1, 2004, pp. 29-37.

Zhang, Y. et al. "Mice deficient in both Mn superoxide dismutase and glutathione peroxidase-1 have increased oxidative damage and a greater incidence of pathology but no reduction in longevity", *Journals of Gerontology, Series A: Biological Sciences and Medical Sciences*, vol. 64, no. 12, 2009, pp. 1212-1220.

Andreux, P. A. et al. "The mitophagy activator urolithin A is safe and induces a molecular signature of improved mitochondrial and cellular health in humans", *Nature Metabolism*, vol. 1, no. 6, 2019, pp. 595-603.

Capítulo 10: Aventuras na imortalidade

M. Funk, "Liz Parrish Wants to Live Forever", outsideonline.com, 18 de julho de 2018.

Okuda, K., Bardeguez, A. et al. "Telomere Length in the Newborn", *Pediatric Research*, vol. 52. no. 3, 2002, pp. 377-381.

Armanios, M., Blackburn, E. "The telomere syndromes", *Nature Reviews Genetics*, vol. 13, no. 10, 2012, pp. 693-704.

Arai, Y. et al. "Inflammation, But Not Telomere Length, Predicts Successful Ageing at Extreme Old Age: A Longitudinal Study of Semi-supercentenarians", *eBio Medicine*, vol. 2, no. 10, 2015, pp. 1549-1558.

Hayflick, L., Moorhead, P. "The serial cultivation of human diploid cell strains", *Experimental Cell Research*, vol. 25, no. 3, 1961, pp. 585-621.

"The Nobel Prize in Physiology or Medicine 2009", NobelPrize.org, 2020.

Cawthon, R., Smith, K., O'Brien, E., Sivatchenko, A., Kerber, R. "Association between telomere length in blood and mortality in people aged 60 years or older", *Lancet*, vol. 361, no. 9355, 2003, pp. 393-395.

Shay, J., Bacchetti, S. "A survey of telomerase activity in human cancer", *European Journal of Cancer Part A*, vol. 33, no. 5, 1997, pp. 787-791.

Rode, L., Nordestgaard, B., Bojesen, S. "Long telomeres and cancer risk among 95,568 individuals from the general population", *International Journal of Epidemiology*, vol. 45, no. 5, 2016.

Pellatt, A. et al. "Telomere length, telomere-related genes, and breast cancer risk: The breast cancer health disparities study", *Genes, Chromosomes and Cancer,* vol. 52, no. 7, 2013.

Nan, H., Du, M. et al. "Shorter telomeres associate with a reduced risk of melanoma development", *Cancer Research*, vol. 71, no. 21, pp. 6758-6763.

Kuo, C., Pilling, L., Kuchel, G., Ferrucci, L., Melzer, D. "Telomere length and aging-related outcomes in humans: A Mendelian randomization study in 261,000 older participants", *Aging Cell*, vol. 18, no. 6, 2019.

Garrett-Bakelman, F. et al. "The NASA twins study: A multidimensional analysis of a year-long human spaceflight", *Science*, vol. 364, no. 6436, 2019.

Capítulo 11: Células zumbis e como se livrar delas

"The Nobel Prize in Physiology or Medicine 2016", NobelPrize.org, 2020.

Takahashi, K.,Yamanaka, S. "Induction of Pluripotent Stem Cells from Mouse Embryonic and Adult Fibroblast Cultures by Defined Factors", *Cell*, vol. 126, no. 4, 2006, pp. 663-676.

Ocampo, A. et al. "In Vivo Amelioration of Age-Associated Hallmarks by Partial Reprogramming", *Cell*, vol. 167, no. 7, 2016, pp. 1719-1733.

Shen, J.,Tsai,Y., Dimarco, N., Long, M., Sun, X.,Tang, L. "Transplantation of mesenchymal stem cells from young donors delays aging in mice", *Scientific Reports* vol. 1, no. 67, 2011.

Charles-de-Sá, L. et al. "Photoaged Skin Therapy with Adipose-Derived Stem Cells", *Plastic & Reconstructive Surgery*, vol. 145, no. 6, 2020, pp. 1037e-1049e.

Xu, M. et al. "Transplanted Senescent Cells Induce an Osteoarthritis-Like Condition in Mice", *The Journals of Gerontology, Series A: Biological Sciences and Medical Sciences*, vol. 72, no. 6, 2017, pp. 780-785.

Baker, D. et al. "Naturally occurring p16 Ink4a-positive cells shorten healthy lifespan", *Nature*, vol. 530, no. 7589, 2016, pp. 184-189.

Xu, M., Pirtskhalava,T., Farr, J. N. "Senolytics improve physical function and increase lifespan in old age", *Nature Medicine*, vol. 24, 2018, pp. 1246-1256.

Coppé, J., Patil, C. et al. "Senescence-associated secretory phenotypes reveal cell-nonautonomous functions of oncogenic RAS and the p53 tumor suppressor", *PLOS Biology*, vol. 6, no. 12, 2008.

Muñoz-Espín, D. et al. "Programmed cell senescence during mammalian embryonic development", *Cell*, vol. 155, no. 5, 2013, p. 1104.

Demaria, M. et al. "An essential role for senescent cells in optimal wound healing through secretion of PDGF-AA", *Developmental Cell*, vol. 31, no. 6, 2014, pp. 722-733.

Cole, L., Kramer, P. *Apoptosis, Growth, and Aging*, Elsevier, 2016, pp. 63-66.

Spindler, S., Mote, P., Flegal, J.,Teter, B. "Influence on Longevity of Blueberry, Cinnamon, Green and Black Tea, Pomegranate, Sesame, Curcumin, Morin, Pycnogenol, Quercetin, and Taxifolin Fed Iso-Calorically to Long-Lived, F1 Hybrid Mice", *Rejuvenation Research*, vol. 16, no. 2, 2013, pp. 143-151.

Yousefzadeh, M. et al. "Fisetin is a senotherapeutic that extends health and lifespan", *eBio Medicine*, vol. 36, 2018, pp. 18-28.

Xu, Q. et al. "The flavonoid procyanidin C1 has senotherapeutic activity and increases lifespan in mice", *Nature Metabolism*, vol. 3, 2021, pp. 1706-1726.

Latorre, E., Torregrossa, R., Wood, M., Whiteman, M., Harries, L. "Mitochondria-targeted hydrogen sulfide attenuates endothelial senescence by selective induction of splicing factors HNRNPD and SRSF2", *Aging*, vol. 10, no. 7, 2018, pp. 1666-1681.

"Unity biotechnology announces positive data from phase 1 clinical trial of ubx1325 in patients with advanced vascular eye disease", Unity Biotechnology Inc., 2021.

Wu, W., Li, R., Li, X., He, J., Jiang, S., Liu, S., Yang, J. "Quercetin as antiviral agent inhibits influenza a virus (IAV) Entry", *Viruses*, vol. 8, no. 1, 2015.

Capítulo 12: Dando corda no relógio biológico

Horvath, S. "DNA methylation age of human tissues and cell types", *Genome Biology*, vol. 14, no. 10, 2013, pp. 1-20.

Christiansen, L., Lenart, A.,Tan, Q.,Vaupel, J., Aviv, A., McGue, M., Christensen, K. "DNA methylation age is associated with mortality in a longitudinal Danish twin study", *Aging Cell*, vol. 15, no. 1, 2016, pp. 149-154.

Marioni, R. et al. "The epigenetic clock is correlated with physical and cognitive fitness in the Lothian Birth Cohort 1936", *International Journal of Epidemiology*, vol. 44, no. 4, 2015, pp. 1388-1396.

Horvath, S. et al. "Decreased epigenetic age of PBMCs from Italian semi--supercentenarians and their offspring", *Aging*, vol. 7, no. 12, 2015, pp. 1159-1170.

Lu, A.T. et al. "Universal DNA methylation age across mammalian tissues", *bioRxiv*, 2021. doi: https://doi.org/10.1101/2021.01.18.426733

Horvath, S. et al. "An epigenetic clock analysis of race/ethnicity, sex, and coronary heart disease", *Genome Biology*, vol. 17, no. 1, 2016, p. 171310.

Sehl, M., Henry, J., Storniolo, A., Ganz, P., Horvath, S. "DNA methylation age is elevated in breast tissue of healthy women", *Breast Cancer Research and Treatment*, vol. 164, no. 1, pp. 209-219.

Kresovich, J., Xu, Z., O'Brien, K., Weinberg, C., Sandler, D., Taylor, J. "Methylation-Based Biological Age and Breast Cancer Risk", *JNCI: Journal of the National Cancer Institute*, vol. 111, no. 10, 2019, pp. 1051-1058.

Horvath, S. et al. "The cerebellum ages slowly according to the epigenetic clock", *Aging*, vol. 7, no. 5, 2017, pp. 294-306.

Dosi, R., Bhatt, N., Shah, P., Patell, R. "Cardiovascular disease and menopause", *Journal of Clinical and Diagnostic Research*, vol. 8, no. 2, 2014, pp. 62-64.

Ossewaarde, M. et al. "Age at menopause, cause-specific mortality and total life expectancy", *Epidemiology*, vol. 16, no. 4, 2005, pp. 556-562.

"The Nobel Prize in Physiology or Medicine 2016", NobelPrize.org, 2020.

Takahashi, K., Yamanaka, S. "Induction of Pluripotent Stem Cells from Mouse Embryonic and Adult Fibroblast Cultures by Defined Factors", *Cell*, vol. 126, no. 4, 2006, pp. 663-676.

Ocampo, A. et al. "In Vivo Amelioration of Age-Associated Hallmarks by Partial Reprogramming", *Cell*, vol. 167, no. 7, 2016, pp. 1719-1733.

Lu, Y., Brommer, B., Tian, X. et al. "Reprogramming to recover youthful epigenetic information and restore vision." *Nature*, vol. 588, 2020, pp.124-129. https://doi.org/10.1038/s41586-020- 2975-4

Shen, J., Tsai, Y., Dimarco, N., Long, M., Sun, X., Tang, L. 'Transplantation of mesenchymal stem cells from young donors delays aging in mice", *Scientific Reports*, vol. 1, no. 67, 2011.

Charles-de-Sá, L. et al. "Photoaged Skin Therapy with Adipose-Derived Stem Cells", *Plastic & Reconstructive Surgery*, vol, 145, no. 6, pp. 1037e-1049e.

Kolata, G. "A Cure for Type 1 Diabetes? For One Man, It seems to Have Worked", *New York Times*, 2021.

Capítulo 13: Sangue bom

Huestis, D. "Alexander Bogdanov: The Forgotten Pioneer of Blood Transfusion", *Transfusion Medicine Reviews*, vol. 21, no. 4, 2007, pp. 337-340.

Conboy, M., Conboy, I., Rando,T. "Heterochronic parabiosis: Historical perspective and methodological considerations for studies of aging and longevity", *Aging Cell*, vol. 12, no. 3, 2013, pp. 525-530.

McCay, C., Pope, F., Lunsford, W., Sperling, G., Sambhavaphol, P. "Parabiosis between Old and Young Rats", *Gerontology*, vol. 1, no. 1, 1957, pp. 7-17.

Conboy, I., Conboy, M., Wagers, A., Girma, E., Weismann, I., Rando, T. "Rejuvenation of aged progenitor cells by exposure to a young systemic environment", *Nature*, vol. 433, no. 7027, 2005, pp. 760-764.

Villeda, S. et al. "The ageing systemic milieu negatively regulates neurogenesis and cognitive function", *Nature*, vol. 477, no. 7362, 2011, pp. 90-96.

Mehdipour, M. et al. "Rejuvenation of three germ layers tissues by exchanging old blood plasma with saline-albumin", *Aging*, vol. 12, no. 10, 2020, pp. 8790-8819.

Ullum, H. et al. "Blood donation and blood donor mortality after adjustment for a healthy donor effect", *Transfusion*, vol. 55, no. 10, 2015, pp. 2479-2485.

Timmers, P. et al. "Multivariate genomic scan implicates novel loci and haem metabolism in human ageing", *Nature Communications*, vol. 11, no. 3570, 2020.

Daghlas, I., Gill, D. "Genetically predicted iron status and life expectancy", *Clinical Nutrition*, vol. 40, no. 4, 2020, pp. 2456-2459.

Kadoglou, N., Biddulph, J., Rafnsson, S., Trivella, M., Nihoyannopo- ulos, P., Demakakos, P. "The association of ferritin with cardiovascular and all--cause mortality in community-dwellers: The English longitudinal study of ageing", *PLOS ONE*, vol. 12, no. 6, 2017.

Forte, G. et al. "Metals in plasma of nonagenarians and centenarians living in a key area of longevity", *Experimental Gerontology*, vol. 60, 2014, pp. 197-206.

Ford, E., Cogswell, M. "Diabetes and serum ferritin concentration among U.S. adults", *Diabetes Care*, vol. 22, no. 12, 1999, pp. 1978-1983.

Tuomainen, T. et al. "Body iron stores are associated with serum insulin and blood glucose concentrations: Population study in 1,013 eastern Finnish men", *Diabetes Care*, vol. 20, no. 3, 1997, pp. 426-428.

Bonfils, L. et al. "Fasting serum levels of ferritin are associated with impaired pancreatic beta cell function and decreased insulin sensitivity: a population--based study", *Diabetologia*, vol. 58, no. 3, 2015, pp. 523-533.

Zacharski, L. et al. "Decreased cancer risk after iron reduction in pa- tients with peripheral arterial disease: Results from a randomized trial", *Journal of the National Cancer Institute*, vol. 100, no. 14, 2008, pp. 996-1002.

Mursu, J., Robien, K., Harnack, L., Park, K., Jacobs, D. "Dietary supplements and mortality rate in older women: The Iowa Women's Health Study", *Archives of Internal Medicine*, vol. 171, no. 18, 2011, pp. 1625-1633.

Kell, D., Pretorius, E. "No effects without causes: the Iron Dys- regulation and Dormant Microbes hypothesis for chronic, inflammatory diseases", *Biological Reviews*, vol. 93, no. 3, 2018, pp. 1518-1557.

Parmanand, B., Kellingray, L. et al. "A decrease in iron availability to human gut microbiome reduces the growth of potentially pathogenic gut bacteria;

an in vitro colonic fermentation study", *Journal of Nutritional Biochemistry*, vol. 67, 2019, pp. 20-22.

Ayton, S. et al. "Brain iron is associated with accelerated cognitive decline in people with Alzheimer pathology", *Molecular Psychiatry*, vol. 25, 2020, pp. 2932-2941.

Cross, J. et al. "Oral iron acutely elevates bacterial growth in human serum", *Scientific Reports*, vol. 5, no. 16670, 2015.

Semenova, E.A. et al. "The association of HFE gene H63D polymorphism with endurance athlete status and aerobic capacity: novel findings and a meta-analysis", *Eur J Appl Physiol*, vol. 120, no. 3, 2020, pp. 665-673. doi: 10.1007/s00421-020-04306-8.

Thakkar, D., Sicova, M., Guest, N.S., Garcia-Bailo, B., El-Sohemy, A. "HFE Genotype and Endurance Performance in Competitive Male Athletes", *Med Sci Sports Exerc.*, vol. 53, no. 7, 2021, pp.1385-1390. doi: 10.1249/MSS.0000000000002595.

Capítulo 14: A luta contra os micróbios

Zoltán, I. "Ignaz Semmelweis", *Encyclopaedia Britannica*, 2020, www.britannica.com/biography/Ignaz-Semmelweis.

Levy, C. "De nyeste Forsög i Födselsstiftelsen i Wien til Oplysning om Barselsfeberens Ætiologie", *Hospitals-Meddelelser, Tidskrift for praktisk Lægevidenskab*, vol. 1, 1848.

Kidd, M., Modlin, I. "A Century of Helicobacter pylori", *Digestion*, vol. 59, 1998, pp. 1-15.

Phillips, M. "John Lykoudis and peptic ulcer disease", *Lancet*, vol. 255, no. 9198, 2000.

"The Nobel Prize in Physiology or Medicine 2005", NobelPrize.org, 2020.

Sender, R., Fuchs, S., Milo, R. "Are we really outnumbered? Revisiting the ratio of bacterial to host cells in humans", *Cell*, vol. 164, no. 3, 2016, pp. 337-340.

Scheiman, J. et al. "Meta-omics analysis of elite athletes identifies a performance-enhancing microbe that functions via lactate metabolism", *Nature Medicine*, vol. 25, 2019, pp. 1104-1109.

Damgaard, C. et al. "Viable bacteria associated with red blood cells and plasma in freshly drawn blood donations", *PLOS ONE*, vol. 10, no. 3, 2015.

Servick, K. "Do gut bacteria make a second home in our brains?", www.science.org, 9 de novembro de 2018.

Beros, S., Lenhart, A., Scharf, I., Negroni, M.A., Menzel, F., Foitzik, S. "Extreme lifespan extension in tapeworm-infected ant workers", *Royal Society Open Science*, vol. 8, no. 5, 2021. https://doi. org/10.1098/rsos.202118.

Capítulo 15: Escondendo-se em plena vista

Mina, M., Metcalf, C., De Swart, R., Osterhaus, A., Grenfell, B. "Infectious Disease Mortality", *Science*, vol. 348, no. 6235, 2015, pp. 694-699.

Powell, M. et al. "Opportunistic infections in HIV-infected patients differ strongly in frequencies and spectra between patients with low CD4+ cell counts examined postmortem and compensated patients examined antemortem irrespective of the HAART Era", *PLOS ONE*, vol. 11, no. 9, 2016.

Horvath, S., Levine, A. "HIV-1 Infection Accelerates Age According to the Epigenetic Clock", *Journal of Infectious Diseases*, vol. 212, no. 10, 2015, pp. 1563-1571.

Fülöp,T., Larbi, A., Pawelec, G. "Human T-cell aging and the impact of persistent viral infections", *Frontiers in Immunology*, vol. 4, 2013, p. 271.

Sylwester, A. et al. "Broadly targeted human cytomegalovirus-specific CD4+ and CD8+ T-cells dominate the memory compartments of exposed subjects", *Journal of Experimental Medicine*, vol. 202, no. 5, 2005, pp. 673-685.

Cheng, J., Ke, Q. et al. "Cytomegalovirus infection causes an increase of arterial blood pressure", *PLOS Pathogens*, vol. 5, no. 5, 2009, p. 1000427.

Goldmacher, V. "Cell death suppression by cytomegaloviruses", *Apoptosis*, vol. 10, no. 2, março de 2005, pp. 251-265.

Aguilera, M., Delgui, L., Romano, P., Colombo, M. "Chronic Infections: A Possible Scenario for Autophagy and Senescence Cross-Talk", *Cells*, vol. 7, no. 10, 2018, p. 162.

Revello, M., Gerna, G. "Diagnosis and management of human cytomegalovirus infection in the mother, fetus, and newborn infant", *Clinical Microbiology Reviews*, vol. 15, no. 4, 2002, pp. 680-715.

Bjornevik, K., Cortese, M. et al. "Longitudinal analysis reveals high prevalence of Epstein-Barr virus associated with multiple sclerosis", *Science*, vol. 375, no. 6578, 2022, pp. 296-301.

Harvey, E.M., McNeer, E., McDonald, M.F. et al. "Association of Preterm Birth Rate With COVID-19 Statewide Stay-at- Home Orders in Tennessee", *JAMA Pediatr.*, vol. 175, no. 6, 2021, pp. 635-637. doi:10.1001/jamapediatrics.2020.6512.

Crist, C. "COVID-19 May Raise Risk of Diabetes in Children", *WebMD*, 2022.

Capítulo 16: O fio dental e a longevidade

Soscia, S. et al. "The Alzheimer's Disease-Associated Amyloid β-Protein Is an Antimicrobial Peptide", *PLOS ONE*, vol. 5, no. 3, 2010, e9505.

Kumar, D. et al. "Amyloid-β peptide protects against microbial infection in mouse and worm models of Alzheimer's disease", *Science Translational Medicine*, vol. 8, no. 340, 2016.

Lambert, J. et al. "Meta-analysis of 74,046 individuals identifies 11 new susceptibility loci for Alzheimer's disease", *Nature Genetics*, vol. 45, no. 12, 2013, pp. 1452-1458.

Itzhaki, R. "Corroboration of a Major Role for Herpes Simplex Virus Type 1 in Alzheimer's Disease", *Frontiers in Aging Neuroscience*, vol. 10, no. 324, 2018.

Tzeng, N. et al. "Anti-herpetic Medications and Reduced Risk of Dementia in Patients with Herpes Simplex Virus Infections — a Nationwide, Population-Based Cohort Study in Taiwan", *Neurotherapeutics*, vol. 15, no. 2, 2018, pp. 417-429.

Wozniak, M., Itzhaki, R., Shipley, S., Dobson, C. "Herpes simplex virus infection causes cellular β-amyloid accumulation and secretase upregulation", *Neuroscience Letters*, vol. 429, no. 2-3, 2007, pp. 95-100.

Wozniak, M., Frost, A., Preston, C., Itzhaki, R. "Antivirals reduce the formation of key Alzheimer's disease molecules in cell cultures acutely infected with herpes simplex virus type 1", *PLOS ONE*, vol. 6, no. 10, 2011.

Wozniak, M., Mee, A., Itzhaki, R. "Herpes simplex virus type 1 DNA is located within Alzheimer's disease amyloid plaques", *Journal of Pathology*, vol. 217, no. 1, 2009, pp. 131-138.

Dominy, S. et al. "Porphyromonas gingivalis in Alzheimer's disease brains: Evidence for disease causation and treatment with small-molecule inhibitors", *Science Advances*, vol. 5, no. 1, 2019.

Demmer, R. et al. "Periodontal disease and incident dementia: The Atherosclerosis Risk in Communities Study (ARIC)", *Neurology*, vol. 95, no. 12, 2020, pp. e1660- e1671.

Bui, F. et al. "Association between periodontal pathogens and systemic disease", *Biomedical Journal*, vol. 42, no. 1, 2019, pp. 27-35.

Balin, B. et al. "Chlamydophila pneumoniae and the etiology of late-onset Alzheimer's disease", *Journal of Alzheimer's Disease*, vol. 13, no. 4, 2008, pp. 371-380.

Balin, B. et al. "Identification and localization of Chlamydia pneumoniae in the Alzheimer's brain", *Medical Microbiology and Immunology*, vol. 187, no. 1, 1998, pp. 23-42.

Pisa, D., Alonso, R., Rábano, A., Rodal, I., Carrasco, L. "Different Brain Regions are Infected with Fungi in Alzheimer's Disease", *Scientific Reports*, vol. 5, no. 1, 2015, pp. 1-13.

Wu, Y. "Microglia and amyloid precursor protein coordinate control of transient Candida cerebritis with memory deficits", *Nature Communications*, vol. 10, no. 58, 2019.

Edrey, Y., Medina, D. et al. "Amyloid beta and the longest-lived rodent: The naked mole-rat as a model for natural protection from Alzheimer's disease", *Neurobiology of Aging*, vol. 34, no. 10, 2013, pp. 2352-2360.

Steinmann, G., Klaus, B., Müller-Hermelink, H. "The Involution of the Ageing Human Thymic Epithelium is Independent of Puberty: A Morphometric Study", *Scandinavian Journal of Immunology*, vol. 22, no. 5, 1985, pp. 563-575.

Kulikov, A., Arkhipova, L., Kulikov, D., Smirnova, G., Kulikova, P. "The increase of the average and maximum span of life by the allogenic thymic cells transplantation in the animals' anterior chamber of eye", *Advances in Gerontology*, vol. 4, no. 3, 2014, pp. 197-200.

Oh, J., Wang, W., Thomas, R., Su, D. "Thymic rejuvenation via induced thymic epithelial cells (iTECs) from FOXN1 -overex- pressing fibroblasts to counteract inflammaging", *BioRxiv*, 2020.

Weiss, R., Vogt, P. "100 years of Rous sarcoma virus", *Journal of Experimental Medicine*, vol. 208, no. 12, 2011, pp. 2351-2355.

"The Nobel Prize in Physiology or Medicine 1966", NobelPrize.org, 2020.

White, M., Pagano, J., Khalili, K. "Viruses and human cancers: A long road of discovery of molecular paradigms", *Clinical Microbiology Reviews*, vol. 27, no. 3, 2014, pp. 463-471.

Gillison, M. "Human Papillomavirus-Related Diseases: Oropharynx Cancers and Potential Implications for Adolescent HPV Vaccination", *Journal of Adolescent Health*, vol. 43, no. 4 , 2008, pp. S52-S60.

Bzhalava, D., Guan, P., Franceschi, S., Dillner, J., Clifford, G. "A systematic review of the prevalence of mucosal and cutaneous Human Papillomavirus types", *Virology*, vol. 445, no. 1-2, 2013, pp. 224-231.

Nejman, D. et al. "The human tumor microbiome is composed of tumor type-specific intracellular bacteria", *Science*, vol. 368, no. 6494, 2020, pp. 973-980.

Bullman, S. et al. "Analysis of Fusobacterium persistence and antibiotic response in colorectal cancer", *Science*, vol. 358, no. 6369, 2017, pp. 1443-1448.

Aykut, B. "The fungal mycobiome promotes pancreatic oncogenesis via activation of MBL", *Nature*, vol. 574, no. 7777, 2019, pp. 264-267.

Michalek, A., Mettlin, C., Priore, R. "Prostate cancer mortality among Catholic priests", *Journal of Surgical Oncology*, vol. 17, no. 2, 1981, pp. 129-133.

Shah, P. "Link between infection and atherosclerosis: Who are the culprits: Viruses, bacteria, both, or neither?", *Circulation*, vol.103, 2001, pp. 5-6.

Haraszthy, V., Zambon, J., Trevisan, M., Zeid, M., Genco, R. "Identification of Periodontal Pathogens in Atheromatous Plaques", *Journal of Periodontology*, vol. 71, no. 10, 2000, pp. 1554-1560.

Warren-Gash, C., Blackburn, R.,Whitaker, H., McMenamin, J., Hayward, A. "Laboratory-confirmed respiratory infections as trigers for acute myocardial infarction and stroke: A self-controlled case series analysis of national linked datasets from Scotland", *European Respiratory Journal*, vol. 51, no. 3, 2018.

Anand, S., Tikoo, S. "Viruses as modulators of mitochondrial functions", *Advances in Virology*, vol. 2013, 2013, 738794.

Wang, C., Youle, R. "The role of mitochondria in apoptosis", *Annual Review of Genetics*, vol. 43, 2009, pp. 95-118.

Choi,Y., Bowman, J., Jung, J. "Autophagy during viral infection – A double--edged sword", *Nature Reviews Microbiology*, vol. 16, 2018, pp. 341-354.

Sudhakar, P. et al. "Targeted interplay between bacterial pathogens and host autophagy", *Autophagy*, vol. 15, no. 9, 2019, pp. 1620-1633.

Li, M., MacDonald, M. "Polyamines: Small Molecules with a Big Role in Promoting Virus Infection", *Cell Host & Microbe*, vol. 20, no. 2, 2016, pp. 123-124.

Altindis, E. et al. "Viral insulin-like peptides activate human insulin and IGF-1 receptor signaling: A paradigm shift for host-microbe interactions", *Proceedings of the National Academy of Sciences of the United States of America*, vol. 115, no. 10, 2018, pp. 2461-2466.

Liu,Y. et al. "The extracellular domain of Staphylococcus aureus LtaS binds insulin and induces insulin resistance during infection", *Nature Microbiology*, vol. 3, 2018, pp. 622-631.

Chang, F.Y., Siuti, P., Laurent, S. et al. "Gut-inhabiting Clostridia build human GPCR ligands by conjugating neurotransmitters with diet- and human--derived fatty acids", *Nat Microbiol*, 2021, vol. 6, pp. 792–805. https://doi.org/10.1038/s41564-021-00887-y.

Capítulo 17: Rejuvenescimento imunológico

Smith, P.,Willemsen, D. et al. "Regulation of life span by the gut microbiota in the short-lived African turquoise killifish;' *eLife*, vol. 6, 2017.

Kundu, P. et al. "Neurogenesis and prolongevity signaling in young germ-free mice transplanted with the gut microbiota of old mice", *Science Translational Medicine,* vol. 11, no. 518, 2019, p. 4760.

Aleman, F.,Valenzano, D. "Microbiome evolution during host aging", *PLOS Pathogens*, vol. 15, no. 7, 2019.

Yousefzadeh, M.J., Flores, R.R., Zhu,Y. et al. "An aged immune system drives senescence and ageing of solid organs", *Nature*, vol. 594, 2021, pp. 100-105. https://doi.org/10.1038/s41586-021-03547-7

Campinoti, S., Gjinovci, A., Ragazzini, R. et al. "Reconstitution of a functional human thymus by postnatal stromal progenitor cells and natural whole-organ scaffolds", *Nat Commun.*, vol. 11: 6372, 2020. https://doi.org/10.1038/s41467-020-20082-7.

Franceschi, C. et al. "Inflammaging and anti-inflammaging: A systemic perspective on aging and longevity emerged from studies in humans", *Mechanisms of Ageing and Development*, vol. 128, no. 1, 2007, pp. 92-105.

Capítulo 18: Faminto por diversão

McCay, C., Crowell, M., Maynard, L. "The effect of retarded growth upon the length of life span and upon the ultimate body size", *The Journal of Nutrition*, vol. 10, no. 1, julho de 1935, pp. 63-79.

Schäfer, D. "Aging, Longevity, and Diet: Historical Remarks on Calorie Intake Reduction", *Gerontology*, vol. 51, no. 2, 2005, pp. 126-130.

McDonald, R. Ramsey, J. "Honoring Clive McCay and 75 years of calorie restriction research", *Journal of Nutrition*, vol. 140, no. 7, 2010, pp. 1205-1210.

Weindruch, R., Walford, R. "Dietary restriction in mice beginning at 1 year of age: Effect on life span and spontaneous cancer incidence", *Science*, vol. 215, no. 4538, 1982, pp. 1415-1418.

Weindruch, R., Walford, R., Fligiel, S., Guthrie, D. "The retardation of aging in mice by dietary restriction: Longevity, cancer, immunity and lifetime energy intake", *Journal of Nutrition*, vol. 116, no. 4, 1986, pp. 641-654.

Walford, R., Mock, D., Verdery, R., MacCallum, T.J. "Calorie restriction in Biosphere 2: Alterations in physiologic, hematologic, hormonal, and biochemical parameters in humans restricted for a 2-year period", *The Journals of Gerontology, Series A: Biological Sciences and Medical Sciences*, vol. 57, no. 6, 2002, pp. B211-B224.

Mattison, J. et al. "Caloric restriction improves health and survival of rhesus monkeys", *Nature Communications*, vol. 8, no. 14063, 2017.

Colman, R., Anderson, R. et al. "Caloric restriction delays disease onset and mortality in rhesus monkeys", *Science*, vol. 325, no. 5937, 2009, pp. 201-204.

Mattison, J. et al. "Impact of caloric restriction on health and survival in rhesus monkeys from the NIA study", *Nature*, vol. 489, no. 7415, 2012, pp. 318-321.

Kraus, W. et al. "2 years of calorie restriction and cardiometabolic risk (CALERIE): exploratory outcomes of a multicentre, phase 2, randomised controlled trial", *The Lancet Diabetes and Endocrinology*, vol. 7, no. 9, 2019, pp. 673-683.

Jia, K., Levine, B. "Autophagy is required for dietary restriction-mediated life span extension in C. elegans", *Autophagy*, vol. 3, no.6, 2007, pp. 597-599.

Saxton, R., Sabatini, D. "mTOR Signaling in Growth, Metabolism, and Disease", *Cell*, vol. 168, no. 6, 2017, pp. 960-976.

Capítulo 19: Um velho hábito com nova roupagem

Di Francesco, A., Di Germanio, C., Bernier, M., De Cabo, R. "A time to fast", *Science*, vol. 362, no. 6416, 2018, pp. 770-775.

Michael Anson, R. et al. "Intermittent fasting dissociates beneficial effects of dietary restriction on glucose metabolism and neuronal resistance to injury from calorie intake", *Proceedings of the National Academy of Sciences of the United States of America*, vol. 100, no. 10, 2003, pp. 6216-6220.

Mitchell, S. et al. "Daily Fasting Improves Health and Survival in Male Mice Independent of Diet Composition and Calories", *Cell Metabolism*, vol. 29, no. 1, 2019, pp. 221-228.

Woodie, L., Luo,Y., et al. "Restricted feeding for 9 h in the active period partially abrogates the detrimental metabolic effects of a Western diet with liquid sugar consumption in mice", *Metabolism: Clinical and Experimental*, vol. 82, 2018, pp. 1-13.

Carlson, A., Hoelzel, F. "Apparent prolongation of the life span of rats by intermittent fasting", *The Journal of Nutrition*, vol. 31, no. 3, 1946, pp. 363-375.

Wei, M. et al. "Fasting-mimicking diet and markers/risk factors for aging, diabetes, cancer, and cardiovascular disease", *Science Translational Medicine*, vol. 9, no. 377, 2017.

Stewart, W., Fleming, L. "Features of a successful therapeutic fast of 382 days duration", *Postgraduate Medical Journal*, vol. 49, no. 569, 1973, pp. 203-209.

Heilbronn, L., Smith, S., Martin, C., Anton, S., Ravussin, E. "Alternate-day fasting in non-obese subjects: effects on body weight, body composition, and energy metabolism", *The American Journal of Clinical Nutrition*, vol. 81, no. 1, 2005, pp. 69-73.

Tinsley, G., Forsse, J. et al. "Time-restricted feeding in young men performing resistance training: A randomized controlled trial", *European Journal of Sport Science*, vol. 17, no. 2, 2017, pp. 200-207.

Fillmore, K., Stockwell, T., Chikritzhs, T., Bostrom, A., Kerr, W. "Moderate Alcohol Use and Reduced Mortality Risk: Systematic Error in Prospective Studies and New Hypotheses", *Annals of Epidemiology*, vol. 17, no. 5, 2007, pp. S16-S23.

Burton, R., Sheron, N. "No level of alcohol consumption improves health", *Lancet*, vol. 392, no. 10152, 2018, pp. 987-988.

Kim, Y., Je, Y., Giovannucci, E. "Coffee consumption and all-cause and cause-specific mortality: a meta-analysis by potential modifiers", *European Journal of Epidemiology*, vol. 34, 2019, pp. 731-752.

Freedman, N., Park, Y., Abnet, C., Hollenbeck, A., Sinha, R. "Association of Coffee Drinking with Total and Cause-Specific Mortality", *New England Journal of Medicine*, vol. 366, 2012, pp. 1891-1904.

Capítulo 20: A nutrição do culto à carga

Bianconi, E. et al. "An estimation of the number of cells in the human body", *Annals of Human Biology*, vol. 40, no. 6, 2013, pp. 463-471.

OECD. "Life expectancy by sex and education level", *Health at a Glance 2017: OECD Indicators*, OECD Publishing, 2017. https://doi.org/10.1787/health_glance-2017-7-en.

Brønnum-Hansen, H., Baadsgaard, M. "Widening social inequality in life expectancy in Denmark. A register-based study on social composition and mortality trends for the Danish population", *BMC Public Health*, vol. 12, no. 994, 2012.

Hummer, R.A., Hernandez, E.M. "The Effect of Educational Attainment on Adult Mortality in the United States", *Popul Bull*, vol. 68, no. 1, 2013, pp. 1-16.

Fraser, G. "Vegetarian diets:What do we know of their effects on common chronic diseases?" *American Journal of Clinical Nutrition*, vol. 89, no. 5, 2009, pp. 1607S-1612S.

Mihrshahi, S., Ding, D. et al. "Vegetarian diet and all-cause mortality: Evidence from a large population-based Australian cohort – the 45 and Up Study", *Preventive Medicine*, vol. 97, 2017, pp. 1-7.

Zhao, L.G., Sun, J.W., Yang,Y. et al. "Fish consumption and all-cause mortality: a meta-analysis of cohort studies", *Eur J Clin Nutr.*, vol. 70, 2016, pp. 155-161.

Zhang, Y., Zhuang, P, He, W. et al. "Association of fish and long-chain omega-3 fatty acids intakes with total and cause-specific mortality: prospective analysis of 421 309 individuals", *JIM*, vol. 284, no. 4, 2018, pp. 399-417.

McBurney, M.I., Tintle, N., Ramachandran, S.V., Sala-Vila, A., Harris, W.S. "Using an erythrocyte fatty acid fingerprint to predict risk of all-cause mortality: the Framingham Offspring Cohort", *The American Journal of Clinical Nutrition*, vol. 114, no. 4, 2021, pp.1447-1454.

Harris, W.S., Tintle, N.L. et al. "Blood n-3 fatty acid levels and total and cause-specific mortality from 17 prospective studies", *Nature Communications*, vol. 12: 2329, 2021.

Bernasconi, A.A.,Wiest, M.M., Lavie, C.J., Milani, R.V., Laukkanen, J.A. "Effect of Omega-3 Dosage on Cardiovascular Outcomes: An Updated Meta-Analysis and Meta-Regression of Interventional Trials", *Mayo Clinic Proceedings*, vol. 96, no. 2, 2021, pp. 304-313.

Cawthorn, D-M., Baillie, C., Mariani, S. "Generic names and mislabelling conceal high species diversity in global fisheries markets", *Conservation Letters*, vol. 11, no. 5, 2018, p. e12573.

Willette, D.A., Simmonds, S.E., Cheng, S.H. et al. "Using DNA bar-coding to track seafood mislabelling in Los Angeles restaurants", *Conservation Biology*, vol. 31, no. 5, 2017, pp. 1076-1085.

Ho, J.K.I., Puniamoorthy, J., Srivathsan, A., Meier, R. "MinION sequencing of seafood in Singapore reveals creatively labelled flatfishes, confused roe, pig DNA in squid balls, and phantom crustaceans", *Food Control*, vol. 112, 2020, p. 107144.

Autier, P., Boniol, M., Pizot, C., Mullie, P. "Vitamin D status and ill health: a systematic review", *The Lancet: Diabetes & Endocrinology*, vol. 2, no. 1, 2014, pp. 76-90.

Lin, S., Jiang, L., Zhang, Y., Chai, J., Li, J., Song, X., Pei, L. "Socieconomic status and vitamin D deficiency among women of childbearing age: a population-based, case-control study in rural northern China", *BMJ Open*, vol. 11, 2021, p. e042227.

Zhang, Y., Fang, F., Tang, J., Jia, L., Feng, Y., Xu, P. et al. "Association between vitamin D supplementation and mortality: systematic review and meta-analysis", *BMJ*, vol. 366, 2019, p. 14673. doi:10.1136/bmj.l4673.

Capítulo 21: Alimentos que dão o que pensar

Perry, G. et al. "Diet and the evolution of human amylase gene copy number variation", *Nature Genetics*, vol. 39, no. 10, 2007, pp. 1256-1260.

Arendt, M., Cairns, K., Ballard, J., Savolainen, P., Axelsson, E. "Diet adaptation in dog reflects spread of prehistoric agriculture", *Heredity*, vol. 117, no. 5, 2016, pp. 301-306.

Ségurel, L., Bon, C. "On the Evolution of Lactase Persistence in Humans", *Annual Review of Genomics and Human Genetics*, vol. 18, 2017, pp. 297-319.

Gross, M. "How our diet changed our evolution", *Current Biology*, vol. 27, no. 15, 2017, pp. 731-733.

Capítulo 22: Dos monges medievais à ciência moderna

Kenyon, C., Chang, J., Gensch, E., Rudner, A.,Tabtiang, R. "A C. elegans mutant that lives twice as long as wild type", *Nature*, vol. 366, no. 6454, 1993, pp. 461-464.

Wijsman, C. et al. "Familial longevity is marked by enhanced insulin sensitivity", *Aging Cell*, vol. 10, no. 1, 2011, pp. 114-121.

Yashin, A., Arbeev, K. et al. "Exceptional survivors have lower age trajectories of blood glucose: Lessons from longitudinal data", *Biogerontology*, vol. 11, no. 3, 2010, pp. 257-265.

Kurosu, H. et al. "Physiology: Suppression of aging in mice by the hormone Klotho", *Science*, vol. 309, no. 5742, 2005, pp. 1829-1833.

Lindeberg, S., Eliasson, M., Lindahl, B., Ahrén, B. "Low serum insulin in traditional Pacific islanders – The Kitava study", *Metabolism: Clinical and Experimental*, vol. 48, no. 10, 1999, pp. 1216-1219.

Li, H., Gao, Z. et al. "Sodium butyrate stimulates expression of fibroblast growth factor-21 in liver by inhibition of histone deacetylase 3", *Diabetes*, vol. 61, no. 4, 2012, pp. 797-806.

Zhang, Y. et al. "The starvation hormone, fibroblast growth factor-21, extends lifespan in mice", *eLife*, vol. 2012, no. 1, 2012.

Reynolds, A., Mann, J., Cummings, J., Winter, N., Mete, E., Te Morenga, L. "Carbohydrate quality and human health: a series of systematic reviews and meta-analyses", *The Lancet*, vol. 393, no. 10170, 2019, pp. 434-445.

Buffenstein, R.,Yahav, S. "The effect of diet on microfaunal popula- tion and function in the caecum of a subterranean naked mole-rat, Heterocephalus glaber", *British Journal of Nutrition*, vol. 65, no. 2, 1991, pp. 249-258.

Al-Regaiey, K., Masternak, M., Bonkowski, M., Sun, L., Bartke, A. "Long--Lived Growth Hormone Receptor Knockout Mice: Interaction of Reduced Insulin-Like Growth Factor I/Insulin Signaling and Caloric Restriction", *Endocrinology*, vol. 146, no. 2, 2005, pp. 851-860.

Zeevi, D., Korem, T., Zmora, N. et al. "Personalized Nutrition by Prediction of Glycemic Responses", *Cell*, vol. 163, no. 5, 2015, pp. 2069-1094.

Frampton, J., Cobbold, B., Nozdrin, M. et al. "The Effect of a Single Bout of Continuous Aerobic Exercise on Glucose, Insulin and Glucagon Concentrations Compared to resting Conditions in Healthy Adults: A Systematic Review, Meta-Analysis and Meta-Regression", *Sports Medicine*, vol. 51, 2021, pp. 1949-1966.

Solomon, T.P.J., Tarry, E., Hudson, C.O., Fitt, A.I., Laye, M.J. "Immediate post-breakfast physical activity improves interstitial postprandial glycemia: a comparison of different activity-meal timings", *Pflugers Archiv – European Journal of Physiology*, vol. 572, 2020, pp. 271-280.

Bannister, C. et al. "Can people with type 2 diabetes live longer than those without? A comparison of mortality in people initiated with metformin or sulphonylurea monotherapy and matched, non-diabetic controls", *Diabetes, Obesity and Metabolism*, vol. 16, no. 11, 2014, pp. 1165-1173.

Konopka, A. et al. "Metformin inhibits mitochondrial adaptations to aerobic exercise training in older adults", *Aging Cell*, vol. 18, no. 1, 2019, p. 12880.

Walton, R. et al. "Metformin blunts muscle hypertrophy in response to progressive resistance exercise training in older adults: A randomized, double-blind, placebo-controlled, multicenter trial: The MASTERS trial", *Aging Cell*, vol. 18, no. 6, 2019.

Capítulo 23: Medir é administrar

Stary, H.C., Chandler, A.B., Glagov, S. et al. "A definition of initial, fatty streak, and intermediate lesions of atherosclerosis. A report from the Committee on Vascular Lesions of the Council on Arteriosclerosis, American Heart Association", *Circulation*, vol. 89, no. 5, 1994, pp. 2462-2478.

Enos, W. F., Holmes, R.H., Beyer, J. "Coronary disease among united states soldiers killed in action in korea", *JAMA*, vol. 152, no. 12, 1953, pp.1090-1093. doi:10.1001/jama.1953.03690120006002.

Velican, D., Velican, C. "Study of fibrous plaques occurring in the coronary arteries of children", *Atherosclerosis*, vol. 33, no. 2, 1979, pp. 201-215.

Cohen, J., Pertsemlidis, A., Kotowski, I.K., Graham, R., Garcia, C.K., Hobbs, H.H. "Low LDL cholesterol in individuals of African descent resulting from frequent nonsense mutations in PCSK9", *Nature Genetics*, vol. 37, 2005, pp. 161-165.

Kathiresan, S. "A PCSK9 Missense Variant Associated with a Reduced Risk of Early-Onset Myocardial Infarction", *N Engl J Med.*, vol. 358, 2008, pp. 2299-2300. doi: 10.1056/NEJMc0707445.

Kent, S.T., Rosenson, R.S., Avery, C.L. et al. "PCSK9 Loss-of-Function Variants, Low-Density Lipoprotein Cholesterol, and Risk of Coronary Heart Disease and Stroke", *Circulation*, vol. 10, no. 4, 2017

Ference, B.A. et al. "Low-density lipoproteins cause atherosclerotic cardiovascular disease. 1. Evidence from genetic, epidemiologic, and clinical studies. A consensus statement from the European Atherosclerosis Society Consensus Panel" *European Heart Journal*, vol. 38, no. 32, 2017, pp. 2459-2472.

Kern, F. Jr. "Normal Plasma Cholesterol in an 88-Year-Old Man Who Eats 25 Eggs a Day – Mechanisms of Adaptation", *N Engl J Med.*, vol. 324, 1991, pp. 896-899. doi: 10.1056/ NEJM199103283241306

Hirshowitz, B., Brook, J.G., Kaufman,T., Titelman, U., Mahler, D. "35 eggs per day in the treatment of severe burns", *Br J Plast Surg.*, vol. 28, no. 3, 1975, pp. 185-188.

Kaufman, T., Hirshowitz, B., Moscona, R., Brook, G.J. "Early enteral nutrition for mass burn injury: The revised egg-rich diet" *Burns*, vol. 12, no. 4, 1986, pp. 260-263.

Drouin-Chartier, J., Chen, S., Li,Y., Schwab, A.L., Stampfer, M.J., Sacks, F.M. et al. "Egg consumption and risk of cardiovascular disease: three large prospective US cohort studies, systematic review, and updated metanalysis", *BMJ*, 368:m513, 2020. doi:10.1136/bmj.m513

Jones, P., Pappu, A., Hatcher, L., Li, Z., Illingworth, D., Connor, W. "Dietary cholesterol feeding suppresses human cholesterol synthesis measured by deuterium incorporation and urinary mevalonic acid levels", *Arteriosclerosis, Thrombosis, and Vascular Biology*, vol. 16, no. 10, 1996, pp. 1222-1228.

Steiner, M. Khan, A.H., Holbert, D., Lin, R.I. "A double-blind crossover study in moderately hypercholesterolemic men that compared the effect of aged garlic extract and placebo administration on blood lipids", *Am J Clin Nutr.*, vol. 64, no. 6, 1996, pp. 866-870. doi: 10.1093/ajcn/65.6.866.

Sobenin, I.A., Andrianova, I.V., Demidova, O.N., Gorchakova, T., Orekhov, A.N. "Lipid-lowering effects of time-released garlic powder tablets in double-blinded placebo-controlled randomized study", *J Atheroscler Thromb*, vol. 15, no. 6, 2008, pp. 334-338. doi: 10.5551/jat.e550.

McRae, M.P. "Dietary Fiber is Beneficial for the Prevention of Cardiovascular Disease: An Umbrella Review of Meta-analyses", *Journal of Chiropractic Medicine*, vol. 16, no. 4, 2017, pp. 289-299.

Franco, O., Peeters, A., Bonneux, L., De Laet, C. "Blood pressure in adulthood and life expectancy with cardiovascular disease in men and women: Life course analysis", *Hypertension*, vol. 46, no. 2, 2005, pp. 280-286.

Benigni, A. et al. "Variations of the angiotensin II type 1 receptor gene are associated with extreme human longevity", *Age*, vol. 35, no. 3, 2013, pp. 993-1005.

Benigni, A. et al. "Disruption of the Ang II type 1 receptor promotes longevity in mice", *Journal of Clinical Investigation*, vol. 119, no. 3, 2009, p. 52.

Basso, N., Cini, R., Pietrelli, A., Ferder, L., Terragno, N, Inserra, F. "Protective effect of long-term angiotensin II inhibition", *American Journal of Physiology – Heart and Circulatory Physiology*, vol. 293, no. 3, 2007, pp. 1351-1358.

Kumar, S., Dietrich, N., Kornfeld, K. "Angiotensin Converting Enzyme (ACE) Inhibitor Extends *Caenorhabditis elegans* Life Span", *PLOS Genetics*, vol. 12, no. 2, 2016.

Mueller, N., Noya-Alarcon, O., Contreras, M., Appel, L., Dominguez--Bello, M. "Association of Age with Blood Pressure Across the Lifespan in Isolated Yanomami and Yekwana Villages", *JAMA Cardiology*, vol. 3, no. 12, 2018, pp. 1247-1249.

Lindeberg, S. *Food and Western Disease*, Wiley, 2009.

Gurven, M. et al. "Does blood pressure inevitably rise with age? Longitudinal evidence among forager-horticulturalists", *Hypertension*, vol. 60, no. 1, 2012, pp. 25-33. doi: 10.1161/HYPERTENSIONAHA.111.189100.

Nystoriak, M., Bhatnagar, A. "Cardiovascular Effects and Benefits of Exercise", *Frontiers in Cardiovascular Medicine*, vol. 5, no. 135, 2018.

Mandsager, K., Harb, S., Cremer, P., Phelan, D., Nissen, S., Jaber, W. "Association of Cardiorespiratory Fitness with Long-term Mortality Among

Adults Undergoing Exercise Treadmill Testing", *JAMA Network Open*, vol. 1, no. 6, 2018.

Gill, J.M.R. "Linking volume and intensity of physical activity to mortality", *Nat Med.*, vol. 26, 2020, pp. 1332-1334. https://doi. org/10.1038/s41591-020-1019-9.

Egan, B., Zierath, J.R. "Exercise Metabolism and the Molecular Regulation of Skeletal Muscle Adaptation", *Cell Metabolism*, vol. 17, no. 2, 2013, pp. 162-184. doi: https://doi. org/10.1016/j.cmet.2012.12.012.

Ramos, J., Dalleck, L., Tjonna, A., Beetham, K., Coombes, J. "The Impact of High-Intensity Interval Training Versus Moderate-Intensity Continuous Training on Vascular Function: a Systematic Review and Meta-Analysis", *Sports Medicine*, vol. 45, 2015, pp. 679- 692.

Viana, R., Naves, J., Coswig, V., De Lira, C., Steele, J., Fisher, J., Gentil, P. "Is interval training the magic bullet for fat loss? A systematic review and meta-analysis comparing moderate-intensity continuous training with high-intensity interval training (HIIT)", *British Journal of Sports Medicine*, vol. 53, no. 10, 2018.

Boudoulas, K., Borer, J., Boudoulas, H. "Heart Rate, Life Expectancy and the Cardiovascular System:Therapeutic Considerations", Cardiology, vol. 132, no. 4, 2015, pp. 199-212.

Zhao, M., Veeranki, S., Magnussen, C., Xi, B. "Recommended physical activity and all-cause and cause-specific mortality in US adults: Prospective cohort study", *British Medical Journal*, vol. 370, 2020.

Faulkner, J., Larkin, L., Claflin, D., Brooks, S. "Age-related changes in the structure and function of skeletal muscles", *Clinical and Experimental Pharmacology and Physiology*, vol. 34, no. 11, 2007, pp. 1091-1096.

Srikanthan, P., Karlamangla, A. "Muscle mass index as a predictor of longevity in older adults", *American Journal of Medicine*, vol. 127, no. 6, 2014, pp. 547-553.

Rantanen, T., Harris, T. et al. "Muscle Strength and Body Mass Index as Long-Term Predictors of Mortality in Initially Healthy Men", *Journals of Gerontology, Series A: Biological Sciences and Medical Sciences*, vol. 55, no. 3, 2000, pp. M168-M173.

Schuelke, M. et al. "Myostatin Mutation Associated with Gross Muscle Hypertrophy in a Child", *New England Journal of Medicine*, vol. 350, 2004, pp. 2682-2688.

Walker, K., Kambadur, R., Sharma, M., Smith, H. "Resistance Training Alters Plasma Myostatin but not IGF-1 in Healthy Men", *Medicine G Science in Sports G Exercise*, vol. 36, no. 5, 2004, pp. 787-793.

Nash, S., Liao, L., Harris, T., Freedman, N. "Cigarette Smoking and Mortality in Adults Aged 70 Years and Older: Results From the NIH-AARP Cohort", *American Journal of Preventive Medicine*, vol. 52, no. 3, 2017, pp. 276-283.

Capítulo 24: O poder da mente sobre a matéria

Moseley, J. et al. "A controlled trial of arthroscopic surgery for osteoarthritis of the knee", *New England Journal of Medicine*, vol. 347, 2002, pp. 81-88.

Guevarra, D. et al. "Placebos without deception reduce self-report and neural measures of emotional distress", *Nature Communications*, vol. 11, no. 3785, 2020.

Kaptchuk, T. et al. "Placebos without deception: A randomized controlled trial in irritable bowel syndrome", *PLOS ONE*, vol. 5, no. 12, 2010.

Park, C., Pagnini, F., Langer, E. "Glucose metabolism responds to perceived sugar intake more than actual sugar intake", *Sci Rep.*, 10: 15633, 2020. https://doi.org/10.1038/s41598-020-72501-w.

Westerhof, G., Miche, M. et al. "The influence of subjective aging on health and longevity: A meta-analysis of longitudinal data", *Psychology and Aging*, vol. 29, no. 4, 2014, pp. 793-802.

John, A., Patel, U., Rusted, J., Richards, M., Gaysina, D. "Affective problems and decline in cognitive state in older adults: A systematic review and meta-analysis", *Psychological Medicine*, vol. 49, no. 3, 2019, pp. 353-365.

Turnwald, B. et al. "Learning one's genetic risk changes physiology independent of actual genetic risk", *Nature Human Behaviour*, vol. 3, 2019, pp. 48-56.

Kramer, C., Mehmood, S., Suen, R. "Dog ownership and survival: A systematic review and meta-analysis", *Circulation: Cardiovascular Quality and Outcomes*, vol. 12, no. 10, 2019.

Pressman, S., Cohen, S. "Use of social words in autobiographies and longevity", *Psychosomatic Medicine*, vol. 69, no. 3, 2007, pp. 262-269.

Headey, B.,Yong, J. "Happiness and Longevity: Unhappy People Die Young, Otherwise Happiness Probably Makes No Difference", *Social Indicators Research*, vol. 142, no. 2, 2019, pp. 713-732.

Silk, J. et al. "Strong and consistent social bonds enhance the longevity of female baboons", *Current Biology*, vol. 20, no. 15, 2010, pp. 1359-1361.

Impressão e Acabamento:
GRÁFICA GRAFILAR